苍溪梨丰产栽培技术

主　编◎闫书贵　仲青山
副主编◎向　松　陈文远　马映东
　　　　何仁华　王　荣　何仕银

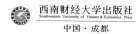

西南财经大学出版社
Southwestern University of Finance & Economics Press
中国·成都

图书在版编目(CIP)数据

苍溪梨丰产栽培技术/闫书贵,仲青山主编;向松等副主编. —成都:
西南财经大学出版社,2022.2
ISBN 978-7-5504-4810-0

Ⅰ.①苍… Ⅱ.①闫…②仲…③向… Ⅲ.①梨—果树园艺
Ⅳ.①S661.2

中国版本图书馆 CIP 数据核字(2021)第 039522 号

苍溪梨丰产栽培技术
CANGXILI FENGCHAN ZAIPEI JISHU
主　编　闫书贵　仲青山
副主编　向　松　陈文远　马映东　何仁华　王荣　何仕银

责任编辑:杨婧颖　王青杰
责任校对:金欣蕾
封面设计:何东琳设计工作室　张姗姗
责任印制:朱曼丽

出版发行	西南财经大学出版社(四川省成都市光华村街55号)
网　　址	http://cbs.swufe.edu.cn
电子邮件	bookcj@swufe.edu.cn
邮政编码	610074
电　　话	028-87353785
照　　排	四川胜翔数码印务设计有限公司
印　　刷	成都市火炬印务有限公司
成品尺寸	148mm×210mm
印　　张	5.875
字　　数	147 千字
版　　次	2022 年 2 月第 1 版
印　　次	2022 年 2 月第 1 次印刷
书　　号	ISBN 978-7-5504-4810-0
定　　价	25.00 元

前　言

　　苍溪雪梨在唐代元和时（公元 806—820 年）已有栽培，距今已 1 200 余年。中华人民共和国成立后，随着栽培技术的提升，苍溪梨产业的发展愈来愈好，成为苍溪人民致富奔小康的重要产业。苍溪雪梨于 1989 年被评为国优水果，2000 年通过"绿色食品"认证，是"广元七绝"农产品之一，2002 年获得西博会"名优农产品"证书，2004 年，"中国雪梨之乡——苍溪"个性化邮票一套四枚小型张首版发行；2008 年被批准为地理标志产品，苍溪县被命名为"中国雪梨之乡"和全国绿色食品（苍溪雪梨）原料生产标准化基地县。2010 年，苍溪雪梨被评为"中国十大名梨"。2015 年，四川苍溪雪梨栽培系统被认定为中国重要农业文化遗产，"苍溪雪梨"被认定为中国驰名商标。

　　苍溪雪梨在全国约 26 个省（自治区、直辖市）916 个县被引种栽培，日本、朝鲜等国也先后引种栽培。近年来，随着苍溪梨科研人员先后培育出"6-2""5-51""1-28""2-3""翠雪"等优质早熟、中熟新品种，苍溪梨产业发展迈上了新台阶。为了培育更多梨产业发展亟需的人才，也为了给苍溪梨产业发展提供技术支撑，苍溪县职业高级中学专业课教师、苍溪县农业农村局技术人员、苍溪县梨文化博览园技术员、成都农业科技职业学院的专家、学者们共同编写了本教材。

  本书以生产任务为驱动，围绕苍溪雪梨、翠冠梨和黄金梨的高产栽培技术，共设七个情景。分别为苍溪梨概况、苗木培育、建园技术、梨园管理、花果管理、整形修剪及病虫害防治。本教材既可作为中等职业学校学生学历教育的校本教材，又可作为梨树种植的技术资料。

  由于时间仓促，且编者水平有限，本书难免有疏漏之处，恳请各位专家、同仁、读者一一指正，以便进一步修正。

目　录

情景一　苍溪梨概况

　　本情景主要学习苍溪雪梨的起源、历史文化和生产现状，苍溪雪梨、翠冠梨、黄金梨的品种特征、生长发育规律、苍溪雪梨对环境条件的要求等生物学特性的基本知识；训练果树物候期观察、开花结果习性观察与调查能力；本情景的理论讲解与实训练习，帮助学生及培养树立热爱农业、热爱家乡的情怀，树立服务"三农"的责任感及振兴苍溪梨产业的志向。

任务一　苍溪雪梨的起源、历史文化和生产现状

任务目标

　　※知识目标

　　1. 了解苍溪雪梨的起源与生产现状。

　　2. 了解苍溪雪梨的历史文化。

　　3. 了解苍溪雪梨的营养价值和药用价值，了解苍溪雪梨生产的经济效益。

※能力目标

1. 能讲述苍溪雪梨的历史文化故事，能对外推介苍溪雪梨品牌。

2. 能开展调查研究。

※素质目标

1. 培养学生热爱家乡的情怀，帮助学生树立振兴苍溪雪梨产业的志向。

2. 培养学生热爱"三农"的情怀，帮助学生树立服务"三农"的责任感。

任务准备

※知识要点

苍溪雪梨的起源与现状

苍溪县地处四川盆地北部山区，大巴山南麓，长江上游嘉陵江中段，其地形复杂多样，是以低中山为主的深丘窄谷长梁地貌。苍溪县属中亚热带湿润性季风气候区、大巴山暴雨影响区，平均降雨量1 088毫米，年平均气温为16.6℃，无霜期平均为288天，日照时间平均为1 395小时。独特的地形和气候条件，孕育了苍溪雪梨、川明参、红心等地方特色农产品。农产品种植业成为苍溪人民脱贫致富的支柱产业。苍溪雪梨是苍溪县传统特色农产品。近来年，苍溪县成功引进了翠冠梨和黄金梨，它们和苍溪雪梨成为苍溪梨产业的三大主栽品种。

苍溪雪梨又名施家梨，系苍溪县原天观乡一位施姓农民从九龙山砂梨群落中发现的一个独特类型。该类型的梨树经世代栽培、繁殖，性状稳定。农民们将其育成良种，并命名为"施家梨"。因其具有外形美观、果肉洁白、味甜如蜜、清香无渣、入口即化的特点，"施家梨"又被称为"苍溪雪梨"。苍溪雪梨果实多呈倒卵形，特大，单果平均重为472克，大者可达2 600

克，因此苍溪雪梨被誉为"砂梨之王"。1976年9月，西南农业大学园艺系主任李育农赴苍溪县境内九龙山、五凤山等地调查，发现当地酷似雪梨型的砂梨资源20多种，并认定苍溪雪梨系砂梨在系统发育过程中形成的。四川农业大学园艺系主任李大福在编纂《四川梨树志》时，到苍溪县九龙山、五凤山、龙亭山调查，亦发现当地分布了砂梨系的原始群落和野生砂梨品种，由此论证苍溪雪梨是从砂梨群落中演化而成的。

唐代李吉甫的《元和郡县志》记载，"梨类有施家梨、水梨、香梨各种"。由此说明唐代元和时（公元806—820年）已有此梨栽培，距今已1 200余年。历史记载，陆游晚年在《怀旧用昔人蜀道诗韵》中有"最忆苍溪县，送客一亭绿。豆枯狐兔肥，霜早柿栗熟。酒酸压查梨……"等描述。明洪武十四年（公元1381年）《广元县志》称"梨中最佳者，施家梨，种出苍溪"。明末焦应高墓志记载："良田阡陌，植梨数千"以及"陶将军景初令军户各皆栽种"，并于县城西回水坝军田种梨三百亩（1亩≈667平方米，下同）。当时苍溪雪梨的栽培已具规模。清光绪二十九年（公元1903年），苍溪县令姜秉善将施家梨奉为贡品，清政府自此将施家梨作为贡梨而推崇。《四川简阳、苍溪与西康汉源之梨》载："苍溪梨果肉细密，白如雪，洁似玉，果汁丰富，具强烈香气，味甘美，食之清爽无渣。其品质之优美，远于他梨之上，加工制罐，烹制佳肴，提炼膏饴，润肺化痰，消炎理气，清心明目，补脑增智，有特殊效益"。《陕西果树志》记载："苍溪雪梨果实极大，肉脆、汁多、味甜，品质上等"。《四川果树特辑》记载："苍溪雪梨成林经营者，当推陶友三氏园"。

苍溪雪梨在全国约26个省（自治区、直辖市）916个县有引种栽培基地，日本、朝鲜等国也先后引种栽培了苍溪雪梨。改革开放以来，苍溪雪梨的种植以庭院建设的模式、按照无公害及绿色食品的标准生产，得到了迅猛发展。群众把苍溪雪梨当作"致富果""摇钱树"，民间有"多栽雪梨树，几年就能富，栽上百来株，定当万元户""要致富，栽梨树"等说法。截至 2020 年 3 月底，苍溪全县有梨产业基地乡镇 15 个、以梨为主导产业化万亩现代农业园区 2 个，全县苍溪梨的种植面积达16.5 万亩、年产量达 10 万吨，苍溪梨种植业是富民增收的骨干产业，苍溪梨种植为促进全县农村经济发展发挥了重要的作用。

　　苍溪雪梨种植业先后注册了"梨王"牌图形商标、证明商标，并且苍溪雪梨在 2015 年被认定为中国驰名商标。苍溪雪梨在1989 年被评为国优水果，是"广元七绝"农产品之一，2000 年通过"绿色食品"认证，2002 年获得西博会"名优农产品"证书，2004 年，"中国雪梨之乡——苍溪"个性化邮票一套四枚小型张首版发行；2008 年苍溪雪梨被批准为地理标志产品，苍溪县被命名为"中国雪梨之乡"和全国绿色食品（苍溪雪梨）原料生产标准化基地县。2010 年，苍溪雪梨被评为"中国十大名梨"。2015年，四川苍溪雪梨栽培系统被认定为中国重要农业文化遗产。苍溪梨科研人员先后培育出"6-2""5-51""1-28""2-3"等优质早熟、中熟新品种，并获得"四川省人民政府科技进步三等奖"。2016 年选育的早熟梨新品种"翠雪"通过了省品种审定委员会审定。

　　※工具与材料准备

1. 准备好调查用的笔记本和笔。
2. 准备好网络调查的电脑或智能手机。

苍溪雪梨产业调查

一、任务安排

家住苍溪县农村的学生回当地乡镇开展调查，家住苍溪县城及外县的学生到陵江镇和农业农村局开展调查。

二、任务要求

（1）调查准备：同学们可以通过网络查询、期刊查询、图书借阅等途径，了解苍溪雪梨起源、历史文化和发展现状。

（2）调查活动：在查阅资料的基础上，同学们可以通过走访当地农业管理部门、生产技术人员、企业主管、种植大户业主，进一步了解以下信息：

①苍溪雪梨在当地的生产现状（种植面积、产量、经济效益等）；

②苍溪雪梨的主要优缺点；

③苍溪雪梨在生产上存在的主要问题。

（3）问题处理：完成一篇调查报告，字数不少于200字。如有疑问，可向老师寻求指导，或与同学们进行交流。

思考与练习

1. 苍溪雪梨是如何得名的？

2. 苍溪雪梨的主要特点有哪些？它有哪些优点和缺点？

3. 苍溪雪梨的种植历史有多少年？在什么时候取得了哪些称号、获得了哪些奖项？

4. 你最感兴趣的苍溪雪梨文化和历史故事是什么？

考核评价

老师对学生的实习情况和调查报告完成情况进行评价。考核评价表如表 1-1-1 所示。

表 1-1-1　考核评价表

考核项目	内容	分值/分	得分
调查完成情况（以小组为单位考核）（50）	苍溪雪梨在当地的生产现状	20	
	苍溪雪梨的主要优缺点	15	
	苍溪雪梨生产的主要问题及解决思路	15	
学习成效（25）	拓展作业	5	
	记录表册的规范性	5	
	实习小结	5	
	实习总结	5	
	小组总结	5	
思想素质（25）	安全规范生产（搭乘车辆规范）	5	
	纪律出勤	5	
	劳动态度（着装规范、调查认真负责、用语文明规范）	5	
	团结协作	5	
	创新思维能力（主动发现问题、解决问题能力）	5	
合计		100	
评价人员签字	1. 任课教师： 2. 实习指导教师： 3. 专业带头人： 4. 园区（企业或行业）技术员：		

备注：严禁采摘、损坏园区产品及财物。如有损毁，视情节和态度扣除个人成绩 20~40 分，同时扣除其同组成员的安全生产及团结协作成绩，情节严重将按照相关处理办法进行违纪处理。

任务二　苍溪雪梨的特征、特性和对环境条件的要求

※知识目标

1. 了解苍溪雪梨的品种特征。

2. 理解苍溪雪梨的生长发育特性。

3. 理解苍溪雪梨生长过程中对环境条件的要求。

※能力目标

1. 能识别苍溪雪梨及其新品种。

2. 能观察记录果树的物候期和开花结果习性。

3. 能够根据苍溪雪梨的生长发育特征，制定科学的栽培方案。

4. 能够根据苍溪雪梨对环境条件的要求，选择合适的种植地点。

素质目标

1. 培养学生热爱家乡的情怀，帮助学生树立振兴苍溪雪梨产业的志向。

2. 培养学生热爱"三农"的情怀和环境保护意识，帮助学生树立服务"三农"、保护环境的责任感。

任务准备

※知识要点

一、苍溪雪梨的品种特征

苍溪雪梨为落叶乔木果树，属蔷薇科梨属植物，为砂梨系统中的一个优良品种。苍溪雪梨树形高大，树冠呈圆锥形或圆头形。

幼树直立性强，成年树树姿开张或半开张，干性强，层性较不明显。树干为灰褐色，表面粗糙。一年生枝暗褐色，较细，具稀疏茸毛，质地韧。枝长20~60厘米，皮孔显著，皮孔大小及稀疏中等；嫩枝及幼叶呈浅红色，幼叶有少量灰白色茸毛，茸毛不久脱落。叶芽中大，斜生，三角形，芽尖长。叶片大，半革质，较薄，多为长卵圆形，叶尖渐尖，叶基楔形，叶缘具内合刺芒的尖锐锯齿，叶边缘具4~5个波折，对褶明显。花五瓣、白色，多为单瓣花，花瓣短圆形，花冠大，每花序6~8朵花，每朵花雄蕊20枚，花药呈浅黄色，花粉量少，花柱五裂，高于雄蕊。自花一般不孕，须人工辅助授粉或配置授粉树，才能保障挂果及丰产。果实多呈葫芦形，少数呈倒圆锥形或不正的瓢形，果面为褐色或黄褐色，果点明显，大而稀，肩部果点特大。果梗较长，一般为5~7厘米，较脆易断折。梗洼中深、中广、中缓、沟状、无锈。萼洼深广而陡，一侧常偏高，先端萼片脱落，极少宿存。果心特小，近萼洼果心线接合、对称。心室大、五个，心脏形。每果种子数7~10粒，种子中大，饱满，卵形，先端钝，黑褐色。果肉雪白或乳白色，质细脆、石细胞极少，果汁多，风味独特。果实大小较整齐，一般单果重300~500克，平均单果重为472克，最大果重2 600克。图1-2-1为苍溪雪梨果实。

图1-2-1　苍溪雪梨果实

二、苍溪雪梨的生长发育特性

（一）根

苍溪雪梨的根系分布特点因树龄、树势、温度、水分、营养、土质及栽培方式不同而不同。其根系生长与树冠生长呈正相关，根系分布范围愈宽，树冠也就愈大。一般水平根的伸展是冠幅的 2~3 倍，分布广者则达 5 倍。根系垂直分布受地下水位的影响，以 20~60 厘米的表土层分布最多，这个深度的根系常占总量的 80% 以上。60 厘米以下土层，细根分布很少，且主要是主根和侧根，主根通常分布在深达 100 厘米以下的土层，其对树体有稳固的作用。

根系一般在土温 10℃ 左右时开始生长，最适生长温度为 12~25℃，低于 0℃ 或高于 30℃ 则停止生长，在温度适宜时，可以周年生长。根顶端优势强，骨干根少，须根稀疏，幼根吸收养分能力弱，大根受创时恢复缓慢。在苍溪县的气候条件下，苍溪雪梨一年中有 3 次根系的生长高峰，第一次为 3 月上旬和中旬，第 2 次为 6 月上旬和中旬，第三次为 9 月下旬至 10 月上旬。在每次根系的生长高峰前，我们应适时松土、施肥、灌水，为根系生长创造适宜的土壤环境。

根系的干重或鲜重与树冠的干重或鲜重的比值为根冠比。处于不同年龄时期的梨树的根冠比不同，新栽树及栽植后 2 年的树，根系处于恢复期，根冠比较小。栽植 4 年以上的树，根系的远超树冠干重或鲜真，但随着树龄的增大，根冠比又会逐渐减小。盛果期苍溪雪梨树的根冠比常约为 2。在进行土壤管理时，我们要根据根系分布的特点，不断变换作业位置。幼龄树应在树冠外施肥，少伤根，促进根系向外扩展；成年树则应在树冠滴水线附近施肥，在秋季可以适当进行断根处理，但数量不能太多。切忌在树盘处深挖改土、施肥，否则会因大量伤根而影响梨树的生长，严重时会造成梨树的死亡。

总之，土层深厚、排水良好，土壤肥沃疏松的地方，梨树根系分布深而广，地上部分的枝干生长健壮；反之，在土层浅薄，土壤黏重或贫瘠的地方，则根系分布浅而窄，地上部分的枝干生长弱。

苍溪雪梨的根在一生中，随着树龄而经历生长、成熟、更新、衰老和死亡的规律性过程。同时它与地上部分的新梢生长、结果是互相依赖、互相促进和互相制约的。结果多的树，营养物质消耗多，不但影响新梢和枝、干的生长，也会影响根的生长。根的生长受到抑制，会影响根对矿物质营养和水分的吸收，反过来也会对地上部分的生长和结果产生限制。因此，只有调节好根、新梢、果实三者之间的生长关系，才能保证结果、长树两不误，从而保证连年丰产。

（二）枝

成年苍溪雪梨新梢生长时间早、短、集中，以春梢为主，秋枝抽发少。中枝、短枝往往只有春梢而无夏、秋梢等副梢。苍溪雪梨主要靠短果枝结果，中果枝、长果枝结果极少。营养枝，依其生长强弱和长短，分为徒长枝、一般生长枝、纤弱枝和叶丛枝或长枝、中枝、短枝，其种类和比例因枝龄树势不同而不同。幼树一般以中枝、长枝为主，成年树则以中枝、短枝为主。而盛果期后的树则很少抽生中枝、长枝。树势弱，则纤弱枝、叶丛枝比例增大。

苍溪雪梨从展叶到最后形成新的顶芽，一般是从 3 月中下旬开始一直到 7 月下旬结束。新梢生长不是同时开始的，顶芽最早，其次为顶芽下面的芽。

苍溪雪梨以短果枝结果为主，但中长果枝结果亦可靠，果台梢连续结果能力较强，故雪梨丰产性能良好。短果枝每年缓慢向前延伸，少有分叉；短果枝寿命可达 10 年以上，有的则长达 15~20 年，有较强的连续结果能力。经异花授粉，苍溪雪梨丰产性能较好。苍溪县现有 25 年生嫁接树，其常年产量在 100 千克左右，最高年产量甚至能达到 250 千克。苍溪雪梨不仅具有较强的结果能力和丰产性能，还具有较长的盛果期，苍溪县现有很多百年以上仍能丰产的梨树。

（三）叶

苍溪雪梨的叶片大，半革质，较薄，多为长卵圆形，叶尖渐尖，叶基楔形，叶缘具内合刺芒的尖锐锯齿，叶边缘具 4~5 个波折，对褶明显。

一枚完整的苍溪雪梨叶是由叶片、叶柄和叶柄基部的一对托叶三部分组成。托叶在叶生长的早期自行脱落，故常见的叶只有叶片和叶柄两个部分。单一叶片自展开到叶面积停止增加需要 16~28 天。

（四）芽

苍溪雪梨的芽分为叶芽和花芽两种。叶芽外形较花芽瘦小，先端只有叶原基，萌发后只抽发枝叶，不开花结果，其芽萌发力强，成枝力较弱。花芽为混合芽，外形较叶芽肥大、尖端钝圆，具有花、叶原基，萌芽后既抽枝长叶，又开花结果。

苍溪雪梨芽的质变期一般在 5 月中下旬至 6 月中下旬，前后历经 20~30 天，幼梢分化期是在 2~4 月。

当春季气温上升到日平均气温为 7℃ 以上时，芽即迅速膨大，芽鳞错开，进入萌芽物候期。苍溪县苍溪雪梨的萌芽期多在 2 月下旬至 3 月上、中旬，此时花芽继续生长形成雌蕊和雄蕊的各部分，雄蕊形成花药，当其生长发育完成后，在一定的温度下就能开花。

（五）花

正常的苍溪雪梨花由花柄、花萼、花冠、雄蕊、雌蕊组成。花序为伞房花序，每花序有 5~7 朵花，花芽从萌动起，一般要经历 30 天才能开花；初花后 1~2 天即可达到盛花期，再经 2~3

天即开始落花，从开花到完全谢花，需要 10~15 天。

梨树是异花授粉的果树，而且是高度自花不孕。生产上必须配置异品种的授粉树才能保证提高产量。同时苍溪雪梨花量大，要注意疏蕾、疏花，防止过度消耗养分。

花瓣展开称为开花，在苍溪县，苍溪雪梨开花一般为 3 月上旬至 3 月下旬。初花期多在 3 月上旬或中旬，盛花期为 3 月中旬，终花期为 3 月下旬。开花期是从初见花开到花冠全部脱落为止。这时叶芽也在展开，如气温上升较快，叶芽与花芽可能同时展开。开花需要 10℃ 以上的气温。气温低、湿度大则开花慢，花期长；气温高、光照好则开花快，花期短。当气温在 15℃ 及以上时，开花极为顺利。苍溪雪梨授粉受精的最适温度为 23℃~27℃，10℃ 以下则授粉受精不良，影响坐果。

苍溪雪梨花芽为混合芽，具有晚熟性，顶端优势强，萌芽率高而成枝力低，花芽易形成，腋花芽结果习性强，苍溪雪梨的花芽分化比苹果早而集中，在新梢迅速长成之后或生长停止不久即开始分化，一般 6 月至 10 月为第一分化期。

（六）果实

苍溪雪梨果实为仁果（又称梨果），由花托、果心和种子三部分构成，食用部分由花托发育而成，这在植物学上称假果。苍溪雪梨在幼果发育过程中，除了幼果体积逐渐增大外，萼片开始脱落，故苍溪雪梨是脱萼形品种。苍溪雪梨在一年中有一次落花，两次落果。落花发生在谢花前后。开花后，未受精的花在谢花后胚珠开始枯萎，并在花柄基部产生离层，最后整个花朵枯萎脱落。其主要原因是授粉不良和气候不佳。另外，树体营养差，以及花芽质量差、果树在花期遭受晚霜等等情况均会引起落花。

花后 30~40 天，胚乳停止发育后，果柄基部形成离层，幼果开始脱落，即第一次落果，也称生理落果。这次落果主要是因为营养问题，树体生长过旺与过弱均会引起第一次落果，还有天气干旱、病虫危害、修剪过重等原因都会加重第一次落果。第二次落果是采前的机械落果，树势生长过弱，夏、秋季严重干旱或雨水过多，病虫害严重、大风危害均会加重采前机械落果。尤其苍溪雪梨老品种果大柄长，采前落果现象更严重。

苍溪雪梨梢果争夺养分矛盾小，梨叶生长快、形成早，叶片出现光泽为梨叶停长标志，一般短枝有 3~7 片叶，中长梢一般不超过 15 片叶，叶果比以 30：1 为宜。

三、苍溪雪梨对环境条件的要求

（一）温度

苍溪雪梨原产于温暖湿润的亚热带区域的苍溪县，故比原产于冷凉、干燥地区的金川雪梨等其他梨属植物对温度的要求较高，但苍溪雪梨比较耐寒。苍溪雪梨适宜生长在年均温度为 12.5℃~21℃ 的地区，1 月平均温度为 0℃~7℃，7 月平均温度为 22℃~31℃；生长季节（4~10 月）的日平均温度为 13.5℃~27.1℃，休眠期（11 月~次年 3 月）的平均温度为 3.5℃~19℃。大于等于 0℃ 的年积温 5 600℃ 以上，极端高温为 39.6℃，最低温为 -7℃。根系一般在 3℃ 以上时就开始活动，6℃~9℃ 时就开始长新根。开花温度需在 10℃ 以上，若温度在 4℃~5℃ 时对花苞有损伤。苍溪雪梨从授粉到完成受精，环境温度在 16℃~18℃ 时，需要 4~40 小时，气温升高则时间相应缩短。若花期时天气温和晴朗，经 9~22 小时即可完成受精。故一般花期要求温度稳定在 10℃ 以上，以晴朗天气为佳。花芽分化与果实发育要求适当高温。花期时，苍溪雪梨遇寒潮、黄沙和阴雨天气对梨树坐果有影响。

在正常情况下，日照转短，日平均温度下降到 15℃ 以下，昼夜温差加大时就会发生落叶，以适应冬季不良气候。落叶就是休眠的开始，在苍溪县，苍溪雪梨落叶时间一般从 11 月中、下旬开始，但也因树势、营养状况的不同而略有变化。一般树势强旺、壮年期树和幼年期树落叶迟，反之则早。肥水充足、土壤肥沃的树落叶迟，反之则早。在同一树上，内膛叶比外围叶落得早，在一个枝上，基部叶比上部叶落得早。

（二）光照

苍溪雪梨是喜光性强的树种，在光照充足时，光合产物多，枝繁叶茂。如果光照不足，则生长衰弱，花芽分化和果实发育不良，从而影响苍溪雪梨产量、品质和寿命。其生长一般要求年日照时间为 1 000 小时以上，能达到 1 500 小时以上则更好。但三伏天高温干旱，易造成果实、叶片萎蔫失水，影响生长。在光照充足时，花开放正常，授粉受精好，病虫危害少，果实含糖量增加，色泽好。

（三）水分

苍溪雪梨属于高大乔木，树体高大，需水较多。据测定，每平方方米叶面积日需蒸发水分40 克左右，如低于 10 克即会引起生理落果；每制造 1 克干物质需水 353～564 克。亩产梨果 2 000 千克就需水 320 吨。以亩栽植 40 株计，则每株树需水量达 8 吨。苍溪雪梨要求的土壤含水量是田间最大持水量的 60%～80%。

苍溪雪梨较耐涝。它在含氧浓度低的水中生长可持续 9 天才发生凋萎，在含氧浓度较高的水中可持续 11 天，在流动的水中延续时间则能维持的时间更长而不凋萎。在夏季高温时期，苍溪雪梨在不流动的死水中浸渍 2 天即可导致枯死，明涝暗渍对梨树损害较大。在土壤黏重的山地，土壤透气性不佳，会使其根系发育不好，影响梨树的生长与产量。

（四）土壤

苍溪雪梨对土壤的要求不严格，其在山地、平地、滩地、贫瘠地或是在微酸土、沙土、红黄壤土等都能正常生长。但仍以背风向阳、交通方便、排水良好、土层深厚肥沃、土壤有机质含量高、pH 为 5.5~7.5 的壤土或沙壤土为最佳。

（五）地势与风

苍溪雪梨生长以背风向阳、交通运输方便的地方为佳，海拔 450~850 米为佳。

苍溪雪梨花柱长，自花授粉率不高，花期忌寒风、阴雨和沙尘。苍溪雪梨果实特大，果柄长而脆，抗风力很弱，忌栽植在风口处。我们在建园时应选择背风地带栽植，并根据地势、风向科学配置防护林以避免风害发生。

※工具准备

1. 准备好调查用的笔记本和笔。

2. 准备好网络调查所需的电脑或智能手机。

任务实施

苍溪雪梨生物学特性观察与调查

一、任务安排

班内分组，以小组为单位，组织学生在学校智慧果园进行苍溪雪梨的物候期观察；根据需要，组织学生到梨博园进行苍溪雪梨开花结果习性的观察；安排学生利用假期对所在乡镇苍溪雪梨的物候期、开花结果习性和对环境条件要求等内容进行观察和调查。

二、任务要求

（1）观察与调查准备。组织学生通过网络查询、期刊查询、图书借阅等途径，了解苍溪雪梨的品种、生长、开花与结果、对环境条件的要求等生物学特性，了解苍溪县近五年的气象资料。

（2）物候期和开花结果习性观察的以学校智慧果园为主，组织学生观察并记录苍溪雪梨的物候期。组织学生到梨博园观察并记录苍溪雪梨的品种特征和开花结果习性。

①苍溪雪梨生长发育特性与物候期观察记录表（表1-2-1）。

表1-2-1　苍溪雪梨生长发育特性与物候期观察记录表

观察地点：　　　　　小组成员：　　　　　记录人：

观察项目	主要观察内容	观察结果	观察时间	备注
根	生长高峰期1：伤流期			
	生长高峰期2：新梢迅速生长期后			
	生长高峰期3：果实迅速膨大期后			
枝	主枝长度、个数			
	侧枝长度、个数			
	结果枝长度、个数			
	第一次生长高峰			
	第二次生长高峰期			
叶片	展叶期			
	成熟期			
	落叶期			
花	现蕾期			
	始花期			
	盛花期			
	终花期			
	同枝花开的顺序			
	同树花开顺序			

表1-2-1（续）

观察项目	主要观察内容	观察结果	观察时间	备注
果实	坐果期			
	迅速生长期			
	慢速生长期			
	微弱生长期			
	成熟期与后熟期可溶性固形物			
结果习性	结果枝所处位置			
	果实在结果枝上位置			
	结果枝长短			

②苍溪雪梨品种特征观察记录表（表1-2-2）。

表 1-2-2　苍溪雪梨品种特征观察记录表

观察地点：　　　　　小组成员：　　　　　记录人：

观察项目	主要观察内容	观察结果	观察时间	备注
根	观察须根的颜色、长度、粗度、皮层；观察主根与须根情况、分布状况			
枝	分别观察春梢与秋梢的颜色、茸毛、皮孔、粗度、长度			
叶片	观察叶的形状、长度、宽度、叶柄长度、叶正面与背面颜色、叶缘			
花	观察花的位置、花冠颜色、直径、柱头形状与颜色、花丝颜色与形状			

表1-2-2(续)

观察项目	主要观察内容	观察结果	观察时间	备注
果实	观察果实形状、果顶、果基、中柱、子房、果实纵径与横径、果实重量			

（3）调查。安排学生利用假期对所在乡镇苍溪雪梨的物候期、开花结果习性和对环境的要求等内容进行观察和调查，特别是要了解近五年气候条件对苍溪雪梨的影响。

③苍溪梨生长环境调查记录表（表1-2-3）。

表1-2-3 苍溪梨生长环境调查记录表

调查地点：　　　调查时间：　　　小组成员：　　　记录人：

调查项目	主要调查内容	调查结果	备注
温度	年均温		
	最高温		
	最低温		
	1月平均气温		
	6月平均气温		
光照	平均日照时长		
	日灼情况		
水分	年降雨量		
	排水情况		
	灌溉设施		
	夏季干旱情况		

表1-2-3（续）

调查项目	主要调查内容	调查结果	备注
土壤	PH 值		
	土壤类型		
	有机质情况		
	微团粒状况		
	有机肥施用情况		
	化肥施用情况		
风	风害情况		
	防风林情况		
海拔与坡向	平均海拔		
	坡向		
	坡度		
植被	植被		
	间作套种情况		

（4）问题处理。要求学生完成一篇调查报告，字数不少于200字。如有疑问，可向老师寻求指导或与同学们进行交流。

思考与练习

1. 苍溪雪梨与河北鸭梨的品种特征有什么不同？
2. 简述苍溪雪梨根、枝、叶、芽、花、果实的主要特点。
3. 苍溪雪梨花芽分化有什么特点？
4. 苍溪雪梨对温度、光照、水分的要求是什么？
5. 苍溪雪梨对土壤、地势的要求是什么？

老师对学生的实习情况和调查报告完成情况进行评价。考核评价表如表1-2-4所示。

表1-2-4　考核评价表

考核项目	内容	分值/分	得分
观察与调查完成情况（以小组为单位考核）（50）	苍溪雪梨的物候期观察	20	
	苍溪雪梨开花结果习性观察	15	
	苍溪雪梨对环境条件要求的调查	15	
学习成效（25）	拓展作业	5	
	记录表册的规范性	5	
	实习小结	5	
	实习总结	5	
	小组总结	5	
思想素质（25）	安全规范生产（搭乘车辆规范）	5	
	纪律出勤	5	
	劳动态度（着装规范、调查认真负责、用语文明规范）	5	
	团结协作	5	
	创新思维能力（主动发现问题、解决问题的能力）	5	
合计		100	
评价人员签字	1. 任课教师： 2. 实习指导教师： 3. 专业带头人： 4. 园区（企业或行业）技术员：		

备注：严禁采摘、损坏园区产品及财物。如有损毁，视情节和态度扣除个人成绩20~40分，同时扣除其同组成员的安全生产及团结协作成绩，情节严重

将按照相关处理办法进行违纪处理。

任务三　翠冠梨和黄金梨的品种特征和生长发育特性

任务目标

※知识目标

1. 了解翠冠梨和黄金梨的品种特征。

2. 理解翠冠梨和黄金梨的生长发育特性。

3. 掌握翠冠梨和黄金梨对环境条件的要求。

※能力目标

1. 能识别翠冠梨和黄金梨。

2. 能够根据翠冠梨和黄金梨的生长发育特性，制定科学的技术措施，实现高产优质高效栽培。

3. 能够根据翠冠梨和黄金梨对环境条件的要求，选择合适的种植地块。

※素质目标

1. 培养学生热爱家乡的情怀，帮助学生树立振兴苍溪梨产业的志向。

2. 培养学生热爱"三农"的情怀，帮助学生树立服务"三农"的责任感。

※知识要点

一、翠冠梨的品种特征、生长发育特性和对环境条件的要求

翠冠梨是由浙江省农业科学院园艺研究所与杭州市果树研究所以新世纪与杭青杂交选育而成，是砂梨系统中成熟最早、品质极优的早熟品种之一，在苍溪表现良好、性状稳定。

翠冠梨生长快，树势直立，叶片宽厚，叶色浓绿，结果早。果实近圆形，平均果重为 230 克左右，大果重 800 克以上。果皮光滑，底色暗绿，易发生锈斑，套袋后可改善外观，套二次袋的果面颜色为绿色，有光泽。果肉为白色，肉质细嫩且脆，汁多味甜。可溶性固形物含量一般在 11% 左右，与采收前气象关系极大，如多阴雨，光照差则低，反之则高。初花期在 3 月中旬至 4 月初，果实发育期为 105～115 天，7 月上中旬成熟，适时采收是保证其品质的关键，充分成熟的翠冠果实品质反而会下降。花芽形成中等，坐果率高。在生产上，宜采取弯干、撑枝、拉枝、吊枝、摘心和短截等措施，促进多分枝和多成花，加大枝叶量，使其提前结果。授粉树宜选用黄花梨、清香和西子绿等品种。翠冠梨抗逆性强，不易感染黑星病、黑斑病、轮纹病，且较耐高温多湿，不易发生早期异常落叶现象。图 1-2-2 为翠冠梨果实。

图 1-2-2 翠冠梨果实

二、黄金梨的品种特征、生长发育特性和对环境条件的
　　要求

黄金梨是由韩国园艺试验场罗州支场用新高（梨品种）与
二十世纪（梨品种）杂交育成的品种，在苍溪县栽种后，因其
产量较高，品质较优，为广大果农所接受。

黄金梨生长势强，树姿较开张，1年生枝绿褐色，叶片大而
厚，呈卵圆形或长圆形。叶缘锯齿锐而密，嫩梢叶片黄绿色，
这是黄金梨区别其他品种的重要标志。当年生枝条和叶片无白
色茸毛。

黄金梨幼树生长势强，萌芽率低，成枝力较弱，有腋花芽
结果特性，易形成短果枝，结果早，丰产性好。甩放1年生枝
的叶芽，大部分可转化为花芽。连年甩放长、中梢，树势易衰
弱。黄金梨一般在幼树定植后的第3年开始结果；大树高接后，
经2年结果枝率达80%以上，第3年亩产可达1 000千克以上。
该品种花器官发育不完全，雌蕊发达，雄蕊退化，花粉量极少，
需异花授粉。一般自然授粉条件下，花序坐果率70%，花朵坐
果率20%左右，需严格进行疏果。

黄金梨果实近圆形，果形正，果肩平，果形指数为0.9，不
套袋果皮黄绿色，贮藏后变为金黄色；套袋果，果皮黄白，果
点小，均匀，外观极其漂亮；果肉为乳白色，果核小，可食率
达95%以上，肉质脆嫩，果汁多而甜，有清香气味，无石细胞。
可溶性固形物含量为12%~15%，平均单果重350克左右，最大
果达到500克以上。黄金梨在0~5℃的条件下，可贮藏6个月左
右，贮藏期需包保鲜纸，以防失水皱皮。图1-2-2为黄金梨的
果实。

图1-2-2 黄金梨的果实

在苍溪县，黄金梨2月下旬开始花芽萌动，3月中旬进入初花期，3月下旬进入盛花期，花期持续10天左右。果实7月下旬成熟，生长期为145天左右。

黄金梨适应性较强。在丘陵、平原地区均能正常生长结果，对肥水条件要求较高，尤喜沙壤土，沙地、黏土地不宜栽培。

黄金梨在苍溪县尚未发现早春霜害和冻害。果实、叶片抗黑斑病、黑星病能力较强。

※工具与材料准备

1. 准备好调查用的笔记本和笔。

2. 准备好网络调查所需的电脑或智能手机。

任务实施

翠冠梨、黄金梨生物学特性观察

一、任务安排

班内分组，以小组为单位，在学校智慧果园内进行翠冠梨、黄金梨的物候期观察；根据需要，组织学生到梨博园进行翠冠梨、黄金梨的品种特征和开花结果特性的观察。

二、任务要求

（1）观察与调查准备。组织学生通过网络查询、期刊查询、图书借阅等途径，了解翠冠梨、黄金梨的品种特征、生长发育特征、对环境条件的要求。

（2）物候期观察。以学校智慧果园为主，组织学生观察并记录翠冠梨、黄金梨的物候期。

（3）品种特征和开花结果特性观察。组织学生到梨博园观察并记录翠冠梨、黄金梨的品种特征和开花结果特性。

（4）问题处理。要求学生完成一篇调查报告，字数不少于200字。学生如有疑问，可向老师寻求指导或与同学们进行交流。

思考与练习

1. 在苍溪县，翠冠梨的成熟期一般是什么时候？
2. 翠冠梨的抗逆性如何？
3. 黄金梨区别于其他品种的重要标志是什么？
4. 在苍溪县，黄金梨的成熟期一般是什么时候？
5. 黄金梨在适宜的条件下，可贮藏几个月？
6. 黄金梨对肥水和土壤条件有什么要求？

考核评价

老师对学生的实习情况和调查报告完成情况进行评价，考核评价表如表1-3-1所示。

表1-3-1 考核评价表

考核项目	内容	分值/分	得分
观察完成情况（以小组为单位考核）（50）	翠冠梨、黄金梨的物候期观察	20	
	翠冠梨、黄金梨的品种特征观察	15	
	翠冠梨、黄金梨开花结果习性观察	15	

表1-3-1(续)

考核项目	内容	分值/分	得分
学习成效 （25）	拓展作业	5	
	记录表册的规范性	5	
	实习小结	5	
	实习总结	5	
	小组总结	5	
思想素质 （25）	安全规范生产（搭乘车辆规范）	5	
	纪律出勤	5	
	劳动态度（着装规范、调查认真负责、用语文明规范）	5	
	团结协作	5	
	创新思维能力（主动发现问题、解决问题的能力）	5	
合计		100	
评价人员签字	1. 任课教师： 2. 实习指导教师： 3. 专业带头人： 4. 园区（企业或行业）技术员：		

备注：严禁采摘、损坏园区产品及财物。如有损毁，视情节和态度扣除个人成绩20~40分，同时扣除其同组成员的安全生产及团结协作成绩，情节严重将按照相关处理办法进行违纪处理。

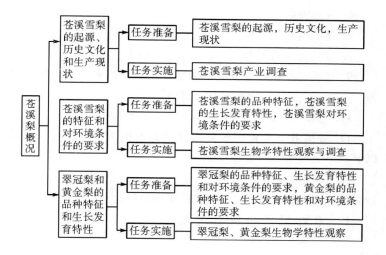

综合测试

一、填空题

1. 苍溪雪梨又名_____，单果平均重为 472 克，大者可达_____克，被誉为"砂梨之王"。

2. _____代李吉甫的《元和郡县志》记载，"梨类有施家梨、水梨、香梨各种"。由此说明苍溪雪梨栽培，距今已_____余年。

3. 苍溪雪梨在_____年被批准为地理标志产品，_____年被评为"中国十大名梨"，_____年四川苍溪雪梨栽培系统被认定为中国重要农业文化遗产。

4. 苍溪雪梨为落叶乔木果树，干性_____，层性_____。

5. 在苍溪气候条件下，一年中有_____次根系的生长高峰。

6. 苍溪雪梨新梢以_____为主。

7. 苍溪雪梨主要靠_____结果。

8. 苍溪雪梨萌芽力_____，成枝力_____。

9. 苍溪雪梨在一年中有一次落花，两次落果。第一次落果为_____，第二次落果是采前的_____。

10. 苍溪雪梨的叶果比以_____为宜。

11. 苍溪雪梨生长一般要求年日照时间为_____小时以上。

12. 翠冠梨是由_____与_____杂交选育而成，是砂梨系统中成熟最早、品质极优的早熟品种之一。

13. 翠冠梨授粉树宜选用_____、_____和_____等品种。

14. 黄金梨是由_____与_____杂交育成的品种，产量较高，品质较优。

15. 黄金梨在 0 ~ 5℃ 的条件下，可贮藏_____个月左右。

二、判断题

1. 苍溪雪梨新品种 6-2、5-51、1-28、2-3 等属于晚熟品种。
（　　）

2. 苍溪雪梨果梗较长，较脆易断折。　　　（　　）

3. 苍溪雪梨短果枝寿命可达 10 年以上，有较强的连续结果能力。　　　（　　）

4. 苍溪雪梨是异花授粉果树，高度自花不孕。　　（　　）

5. 苍溪雪梨属于高大乔木，树体高大，需水较多，较耐涝。
（　　）

6. 翠冠梨抗逆性强，不易感染黑星病、黑斑病、轮纹病，

且较耐高温多湿，不易发生早期异常落叶现象。　　　（　　）

7. 黄金梨叶缘锯齿锐而密，嫩梢叶片黄绿色，是区别其他品种的重要标志。　　　（　　）

8. 黄金梨幼树生长势强，萌芽率低，成枝力较弱，有腋花芽结果特性，丰产性好。　　　（　　）

情景二　苗木培育

情景目标

　　本情景主要学习梨树砧木苗种子层积处理、播种、苗期管理等，梨树嫁接与嫁接后管理，苗木起苗、分级、包装等知识，掌握梨树嫁接技术。本情景的理论讲解与实训练习，帮助学生培养热爱农业、热爱家乡的情怀，树立服务"三农"的责任感及振兴苍溪梨产业的志向；培养学生吃苦耐劳、精益求精的工匠精神；帮助学生养成减少化肥、农药施用的生产习惯，树立"绿水青山就是金山银山"的理念。

任务一　砧木苗培育

任务目标

　　※知识目标

　　1. 掌握苍溪雪梨砧木种子层积处理的相关知识。

　　2. 掌握苍溪雪梨砧木播种的相关知识。

　　3. 掌握苍溪雪梨砧木苗苗期管理的相关知识。

※能力目标

1. 能掌握砧木种子的层积处理方法。

2. 能开展砧木育苗工作。

3. 能掌握砧木苗期管理的方法。

※素质目标

1. 培养学生热爱家乡的情怀，帮助学生树立振兴苍溪梨产业的志向。

2. 培养学生热爱"三农"的情怀和降碳环保意识，帮助学生树立服务"三农"和保护环境的责任感。

任务准备

※知识要点

苍溪雪梨砧木苗的培育有实生繁殖和营养繁殖两种。在实际生产中，培育批量苗木主要采用实生播种繁殖法，即用种子播种繁殖砧木苗。

苍溪雪梨的砧木种子以野生砂梨为佳，棠梨、杜梨、川梨次之，在秋分与霜降季节采集褐色或棕褐、黑褐色种子，置于通风处阴干，忌暴晒。

一、种子层积处理

砧木种子一般需要进行层积处理（图 2-1-1），种子完全成熟后才具备发芽力。对于比较干燥的梨种子，在进行层积处理前，应将种子浸渍 3~5 天，每天换水 1~2 次，使种子充分吸水，去掉瘪粒，滤干水分，再进行层积处理。

种子层积应选择低温（5℃~7℃）、背光、避光的场所，同时应注意避免鼠害。层积处理常采用沙贮法，一般用 4~6 份湿沙与 1 份种子混合，用手将湿沙与种子捏成团（将湿沙与种子分层堆积或混合堆积）。堆好后，用薄膜将其覆盖以保湿、防雨水，10~15 天检查一次。沙干燥时（水分含量少于 60%），用筛子将种子筛出，对沙进行重新拌水后再堆放，切忌直接在层积的沙堆上泼水增湿。图 2-1-2 为沙贮法中判断河沙湿度的方法。

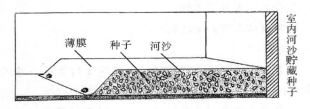

图 2-1-1　种子积层处理

图 2-1-2　沙贮法中判断河沙湿度的方法

一般梨种子层积处理时间为 50~70 天。因品种、温度不同，层积处理时间略有差异。野生麻梨种子为 40~60 天，棠梨种子为 60~80 天，杜梨种子为 70~90 天。

二、播种

育苗用地应选择在交通便利、地势较平、灌溉方便、排水良好、土质疏松、富含有机质的壤土或沙壤土上。

苍溪雪梨实生苗的培育一般分为春播与冬播两种。冬播是在冬至前后播种，冬播种子在田间即可完成自然后熟，不需要进行层积处理。苍溪雪梨多采用春播，一般在立春至雨水之间播种。

由于梨树的幼苗移栽较难，且用工多，为提高成苗率和使日后管理便捷，我们在播种常采用条播，且多采用顺行横播的方式播种。

我们在播种前要除尽杂草，深耕耙平整细，同时每亩施底肥 1 500~2 000 千克。播种前 10~15 天，对土壤进行消毒灭虫。一般亩均施砷酸铅或敌百虫粉 1.5~2.5 千克，以及百菌清或多菌灵 0.7 千克左右。忌连续选用同一育苗地育苗。

播前将地平整好，做成宽度 120~130 厘米的厢面，厢间距 30~40 厘米，以便于苗期管理和嫁接。垂直于厢面横向开沟，沟深 4~5 厘米。开沟后灌足清淡肥水，水浸渍干后，按照行距 25~35 厘米、株距 10~13 厘米进行播种。播种前需对种子进行浸种催芽处理，在"破胸露嘴"时开始播种，一般亩用种 2~3 千克。播种后覆盖 2.5~3.5 厘米厚的细土。覆盖好后，再在细土上盖一层稻草或麦草。

播种后要随时检查土壤的干湿度。雨季时要注意排水，防止厢面被淹；干旱时要及时揭草灌水，以利幼苗出土。

三、苗期管理

出苗后，应及时去掉稻草或麦草。当幼苗现 1 片真叶时，当稀密补稀，进行幼苗移栽。

幼苗定植后，适时中耕除草，15 天左右结合抗旱浇清淡水肥一次，勤浇薄施。当幼苗长出 8 片真叶时，开始少量施尿素，浓度为 0.3% 左右。

幼苗期应注意防治病虫害，重点要防治蚜虫、白粉病。生产上可以用黄板诱杀蚜虫，用 800 倍液甲基托布津或多菌灵防治白粉病。

幼苗期要注意排水防涝，中耕除草。当梨苗长至 40 厘米时进行摘心，促使幼苗增粗。正常管理下，入秋后幼苗直径一般能达到 0.8 厘米，即可开展嫁接。

※工具准备

1. 准备好调查用的笔记本和笔。

2. 准备好网络调查所需的电脑或智能手机。

砧木苗（实生苗）育苗技术调查与实习

1. 任务安排

班内分组，以小组为单位，组织学生到梨博园育苗基地开展砧木苗育苗技术调查与实习。

2. 任务要求

以小组为单位，组织学生到梨博园育苗基地开展砧木苗育苗技术调查与实习。每位学生提前作好准备，拟定好调察提纲和要点。边观察、边询问、边记录，作好总结，并在小组内交流。

思考与练习

1. 苍溪雪梨的砧木种类主要有哪些？哪种最好？
2. 砧木苗种子层积处理的技术要领有哪些？
3. 简述砧木苗培育主要内容。
4. 简述砧木苗苗期管理技术要点。

考核评价

老师对学生的实习情况和调查报告完成情况进行评价，考核评价表如表2-1-1所示。

表2-1-1　考核评价表

考核项目	内容	分值/分	得分
调查与实习完成情况（以小组为单位考核）（50）	种子层积处理技术	20	
	播种技术	15	
	砧木苗苗期管理技术	15	

表2-1-1（续）

考核项目	内容	分值/分	得分
学习成效（25）	拓展作业	5	
	记录表册的规范性	5	
	实习小结	5	
	实习总结	5	
	小组总结	5	
思想素质（25）	安全规范生产（搭乘车辆规范）	5	
	纪律出勤	5	
	劳动态度（着装规范、调查认真负责、用语文明规范）	5	
	团结协作	5	
	创新思维能力（主动发现问题、解决问题的能力）	5	
合计		100	
评价人员签字	1. 任课教师： 2. 实习指导教师： 3. 专业带头人： 4. 园区（企业或行业）技术员：		

备注：严禁采摘、损坏园区产品及财物。如有损毁，视情节和态度扣除个人成绩20~40分，同时扣除其同组成员的安全生产及团结协作成绩，情节严重将按照相关处理办法进行违纪处理。

任务二　苗木嫁接

※知识目标

1. 掌握苍溪雪梨接穗的选择与贮藏方法。

2. 掌握苍溪雪梨切接和 T 形芽接等主要嫁接方法。

3. 掌握苍溪雪梨嫁接苗的苗期管理方法。

※能力目标

1. 能正确采集和贮藏穗条。

2. 能熟练进行梨树 T 形芽接和切接。

3. 能开展嫁接苗苗期管理。

※素质目标

1. 培养学生热爱家乡的情怀，帮助学生树立振兴苍溪雪梨产业的志向。

2. 培养学生热爱"三农"的情怀，帮助学生树立服务"三农"的责任感。

3. 培养学生热爱劳动和精益求精的工匠精神。

任务准备

※知识要点

一、接穗的选择及贮藏

我们一般选择无病虫、高产优质、树势健壮的成年树作为母树。剪取树冠外围生长充实、发育健全的营养枝作为接穗，以春梢为最佳。另备 20% 的河北鸭梨、5-51、六月雪梨等接穗作为授粉品种。秋季嫁接时则随采随接。春季嫁接，接穗应于冬季剪取，并按枝条长短粗细分扎成100支一捆，择阴冷处将其直立排列入湿沙或土中贮藏备用。在枝条的贮藏过程中，应每隔15~20天检查一次，防止枝条干枯。图2-2-1为苍溪雪梨重穗条采集位置。

图2-2-1　苍溪雪梨穗条采集位置

二、嫁接前的准备

嫁接前应做好如下准备：一是调查掌握砧木的数量和质量，以便安排嫁接时的人力物力；二是酌情对砧木进行灌溉和施肥；三是对接穗实行整理和预贮；四是准备好嫁接工具，如修枝剪、嫁接刀、磨刀石、绑扎材料和接木蜡等。

三、嫁接

苍溪雪梨常用的嫁接方法有芽接和切接两种。秋季嫁接在8月下旬至10月进行，多用"T"形芽接。春季嫁接以树液开始流动的2月中、下旬为宜，多用切接法。嫁接时应做到：接穗鲜，砧木壮，刀要快，手要稳，削得平，对得准，封得严，扎得紧。

四、嫁接后的管理

嫁接10~15天后，及时检查成活率，适时进行补接。芽接接芽新鲜、叶柄一触即落，枝接接穗上芽萌发，即为成活。芽接成活后2~3周我们就可解除绑扎的薄膜，枝接的接穗与砧木伤口愈合后即可解绑。

砧木上如有萌蘗，要及时除萌。嫁接株萌芽后，幼苗组织嫩，易被风吹折，应及时立支柱。苗期管理应勤松土、勤除草、勤施肥、勤灌水。应加强对蚜虫、猝倒病、白粉病等苗期病虫害的防治。

※工具材料准备

（1）工具准备。准备好嫁接用的修枝剪、嫁接刀、绑扎膜、室内嫁接用辅助工具等。

（2）材料准备。在梨博园修剪时，收集适合作砧木和接穗的枝条，按50株一捆进行打捆贮藏。

※技能准备

1. 砧木处理

将砧木在离地面5~20厘米的光滑处横向剪断，选一平滑面，垂直于砧木断面纵切一刀，长度为2~2.5厘米，切口位置在砧木韧皮部与木质部交界处的形成层处。

2. 接穗处理

将接穗剪留1个芽，上端剪口距芽0.5厘米，下端剪口距芽4~5厘米，然后将接穗下端削成长2.5厘米的楔形长削面（其长削面略长于砧木的削面，以利砧、穗贴紧），另一面为短斜面削成与接穗成30°角即可。

3. 砧穗形成层对齐

将削好的接穗插入砧木切口，将接穗形成层与砧木形成层对准，注意接穗长削口略露白。

4. 绑扎

用农膜切成的宽度为3厘米的塑料条分别将所有伤面包严、绑紧，包括接穗的上端。接穗上端剪口也要用塑料条绑扎严实，防止水分散失。

梨树切接实训

一、任务安排

班内分组，以小组为单位，在校内实训基地开展梨树切接实训。

二、任务要求

要求动作准确、熟悉，每分钟嫁接合格嫁接苗 3 株以上。每个学生根据实训情况做好总结，并形成实训报告。

思考与练习

1. 苍溪雪梨的嫁接用砧木的实生苗木品种有哪些？哪种最好？

2. 苍溪雪梨的切接有哪些技术要领？

考核评价

老师对学生的实习情况和调查报告完成情况进行评价。考核评价表如表 2-2-1 所示。

表 2-2-1　考核评价表

考核项目	内容	分值/分	得分
实训完成情况（以小组为单位考核）（55）	嫁接技术要领掌握情况	20	
	每分钟嫁接株数	20	
	安全生产与职业素养	15	

表2-2-1(续)

考核项目	内容	分值/分	得分
学习成效 （20）	拓展作业	5	
	实习小结	5	
	实习总结	5	
	小组总结	5	
思想素质 （25）	安全规范生产（搭乘车辆规范）	5	
	纪律出勤	5	
	劳动态度（着装规范、调查认真负责、用语文明规范）	5	
	团结协作	5	
	创新思维（主动发现问题、解决问题）	5	
合计		100	
评价人员签字	1. 任课教师： 2. 实习指导教师： 3. 专业带头人： 4. 园区（企业或行业）技术员：		

备注：严禁采摘、损坏园区产品及财物。如有损毁，视情节和态度扣除个人成绩20~40分，同时扣除其同组成员的安全生产及团结协作成绩，情节严重将按照相关处理办法进行违纪处理。

任务三　苗木出圃

任务目标

※知识目标

1. 了解梨树苗木起苗的时间、方法。

2. 了解梨树苗木分级的标准。

3. 了解梨树苗木消毒、假植和包装的方法。

※能力目标

1. 能选择正确的苗木起苗时间和方法。

2. 能进行苗木假植。

3. 能对苗木进行分级和包装。

※素质目标

1. 培养学生热爱家乡的情怀，帮助学生树立振兴苍溪梨产业的志向。

2. 培养学生热爱"三农"的情怀，帮助学生树立服务"三农"的责任感。

3. 培养学生安全生产、吃苦耐劳、精益求精的工匠精神。

任务准备

※知识要点

一、起苗

起苗前应作好相应准备，包括出圃的苗木，稻草、包装袋、草绳等包装材料，锄头、铁铲、枝剪等。

一般在休眠期起苗，容器育苗不受季节限制。春季起苗应在苗木萌动前进行。秋季在树木落叶后进行。夏季起苗应在清晨、傍晚或夜间进行，要适当带土，并减去一部分枝叶。

起苗前 3~5 天浇水一次，以润湿土壤，利于起苗。

起苗时先沿苗床方向距第一行苗 20 厘米挖一条 25~30 厘米深的沟，然后在第一、二行苗间断根取苗。取出的苗木要盖上草帘，并剪去过长的根。

二、苗木分级

生产中常根据主干高度、粗度和根系质量，对苗木进行分级。

通常一级苗的高度在 1 米以上且接口以上 10 厘米处的直径为 0.8 厘米以上，定干高度内有 6~8 个饱满芽，有 3~4 条长于 20 厘米、粗（直径）0.35 厘米以上的主侧根。二级苗的高度为 80~100 厘米，粗 0.6 厘米，主侧根数为 3 个以上，长度为 15~18 厘米，直径为 0.30 厘米。

三、苗木出圃的管理

（一）苗木检疫消毒

苗木出圃要作好检疫工作，发现有病虫的苗木，应就地烧毁，防止病虫害随苗木进行传播。

出圃苗木在包装前，必须进行消毒，以减轻病虫害。一般用 4°~5°波美度的石硫合剂溶液浸泡苗木 3~5 分钟，再用清水冲洗。或用 0.1%升汞液浸 1~3 分钟，再用清水冲洗。

（二）苗木假植

起苗后，将苗木根部用湿润的土壤暂时埋植，称为假植（图 2-3-1）。假植时，应选择排水良好、背风、便于管理的地方挖假植沟，沟宽 1 米、深 60 厘米，东西方向，不可在低洼地或土壤过于干燥的地方挖沟。苗木向北斜排于沟内，切忌整捆堆放，根系与茎的下部用湿润的混沙土盖严、踩实，使土壤与根系紧密结合，防止透风、受冻与干枯。苗木假植总的要求是

"疏排、深埋、踏实"。假植地四周应开排水沟。

图 2-3-1 苗木假植

（三）苗木包装与运输

苗木在运输前，应妥善包装以防干枯或机械损伤。

苗木经短时运输，我们应在苗木下面垫一层湿草或苔藓，上面用湿草或湿润材料覆盖。

苗木经长时运输，我们应用草包、塑料袋、编织袋包装苗木，根部填保湿材料，顶部露出苗冠，如图 2-2-2 所示。

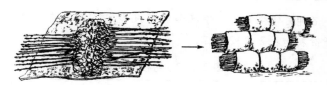

图 2-2-2 苗木包装

※工具与材料准备

准备好调查所需的笔记本、笔、电脑或智能手机。

任务实施

苗木出圃实习

一、任务安排

班内分组，以小组为单位，组织学生到梨博园开展苗木起苗、分级、消毒、包装实习。

二、任务要求

（1）实习准备。通过网络、书刊等，查看了解当地梨树苗木出圃、调运情况。

（2）实习活动。按要求分组开展实习，并作好记录。

（3）问题处理。完成一篇调查报告，字数不少于 200 字。学生如有疑问，可向老师寻求指导或与同学们进行交流。

思考与练习

1. 梨树苗木的起苗时间如何选择？起苗前应作哪些准备？
2. 梨树苗木分级的标准有哪些？
3. 梨树苗木如何假植？技术要领有哪些？
4. 梨树苗木包装运输应注意哪些问题？

考核评价

老师对学生的实习情况和调查报告完成情况进行评价。考核评价表如表 2-2-2 所示。

表 2-2-2　考核评价表

考核项目	内容	分值/分	得分
实习完成情况（以小组为单位考核）（50）	苗木起苗	15	
	苗木分级标准	15	
	苗木消毒	10	
	苗木包装	10	

表2-2-2(续)

考核项目	内容	分值/分	得分
学习成效 （25）	拓展作业	5	
	记录表册的规范性	5	
	实习小结	5	
	实习总结	5	
	小组总结	5	
思想素质 （25）	安全规范生产（搭乘车辆规范）	5	
	纪律出勤	5	
	劳动态度（着装规范、调查认真负责、用语文明规范）	5	
	团结协作	5	
	创新思维能力（主动发现问题、解决问题的能力）	5	
合计		100	
评价人员签字	1. 任课教师： 2. 实习指导教师： 3. 专业带头人： 4. 园区（企业或行业）技术员：		

备注：严禁采摘、损坏园区产品及财物。如有损毁，视情节和态度扣除个人成绩20~40分，同时扣除其同组成员的安全生产及团结协作成绩，情节严重将按照相关处理办法进行违纪处理。

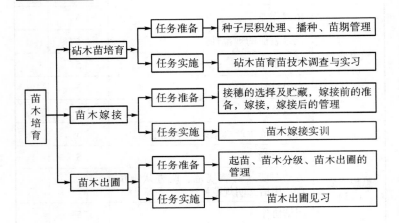

一、填空题

1. 砧木种子一般需要进行_____处理，使其完全成熟后才具备发芽力。

2. 苍溪雪梨实生苗的培育一般分为_____与_____两种。

2. 砧木种子播种后覆盖_____厘米厚的细土，再盖一层稻草或麦草。

3. 当砧木苗长至_____厘米时进行摘心，促使幼苗增粗。

4. 砧木苗幼苗直径一般能达到_____厘米，即可开展嫁接。

5. 梨树常用的嫁接方法有_____和_____两种。

6. 苗木出圃苗木包装前，一般用_____或_____

消毒，以减轻病虫害。

7. 苗森假植总的要求是"_____、_____、_____"。假植地四周应开排水沟。

二、判断题

1. 嫁接 10~15 天后，应及时检查成活率，适时进行补接。

（　　）

2. 砧木苗春播，一般在"立春"至"雨水"之间播种。

（　　）

3. 嫁接苗起苗后要盖上草帘，并剪去过长的根。　（　　）

三、简答题

简述嫁接的技术要领。

情景三　建园技术

　　本情景主要学习苍溪雪梨、翠冠梨、黄金梨的园地选择与建园规划，苍溪雪梨、翠冠梨、黄金梨定植时间、方法、密度、授粉树配置及定植后管理相关知识，帮助学生掌握果园选择与规划、苗木定植及定植后管理等能力。本情景的理论讲解与实训练习，帮助学生培养热爱农业、热爱家乡的情怀，树立服务"三农"、振兴家乡的责任感及振兴苍溪产业的志向。帮助学生树立降碳环保、绿色发展、协调发展的意识，以及具备吃苦耐劳、精益求精的工匠精神。

任务一　园地选择与规划

任务目标

　　※知识目标

　　1. 掌握苍溪雪梨园地选择与规划的基本知识。

　　2. 掌握翠冠梨园地选择与规划的基本知识。

　　3. 掌握黄金梨园地选择与规划的基本知识。

※能力目标

1. 能进行苍溪雪梨园地选择与规划。

2. 能进行翠冠梨园地选择与规划。

3. 能进行黄金梨园地选择与规划。

※素质目标

1. 培养学生热爱家乡的情怀，帮助学生树立振兴苍溪梨产业的志向。

2. 培养学生热爱"三农"的情怀，帮助学生树立服务"三农"的责任感。

3. 培养学生安全生产、吃苦耐劳、精益求精的工匠精神。

4. 培养学生树立"绿水青山就是金山银山"的理念。

任务准备

※知识要点

梨生命周期和结果年限较长，树苗一经定植则数十年固定在一处生长，故建园是一项基础性工作。建园必须从长远利益、可持续发展和生态效益出发，全面考虑，统筹安排。

一、苍溪雪梨的园地选择与规划

苍溪雪梨适应性很强，全国各地引种情况普遍生长较好。但由于苍溪雪梨果大、果柄长而脆，易遭受风害，故应选择背风向阳、水源方便、土壤有机质含量高、土层深厚的缓坡地建园为宜。

园址选好后应根据地形地势和规模大小等情况，在搞好土壤改良和熟化的基础上，统筹规划好道路、水池、渠系等设施。大型果园中，果树面积应占总面积的 80~85%，防护林的 5~10%，道路的 4~5%，建筑等辅助用地的 6%。

建园时的地理位置选择应以坡地、缓坡地为主。我们可按照 8 米进行开厢，厢沟深 60 厘米、宽 40~60 厘米，并留好机械作业道，方便机械进园作业。

针对有条件的梨园，我们还要在建园时就规划好防护林。防护林具有降低风速、减小风害，调节温度、增加湿度，减轻冻害、提高坐果率，提高地面风蚀，降低地下水位，减少地面蒸发，防止返盐等作用。防护林类型有疏通结构、通风结构和紧密结构三种类型。

为了减少果实运输成本，我们应选择交通方便之地建园。若建立家庭小梨园，则根据住房周围的具体情况，利用可耕的荒地、隙地、自留地、土坎、地边等因势利导地建立大小不等的小梨园。

果园要作好灌排系统规划。道路两侧设排灌水明渠（图3-1-1），道路上每隔10~15米用沙石修成直径5~10厘米的暗渠排水到两侧沟内。有条件的梨园，要在建园的同时建好水肥一体化设施，减少管理劳动力的投入，节约成本。每亩果园应建一个10立方米以上蓄水池，每50亩果园应设计一个约30立方米肥池。

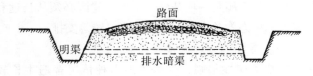

图3-1-1　水沟设计

二、翠冠梨的园地选择与规划

翠冠梨的建园与苍溪雪梨建园的要求基本一致，均要保证园区的自然条件要适合梨的生长，但因其抗风效果好，故对抗风的要求比苍溪雪梨要求低一些。

三、黄金梨园的园地选择与规划

黄金梨园要选择有水源保证的沙壤土地建园。建园时要结合道路的修建，同时建好排灌水系，要做到久雨不涝，长久天干不干旱。

黄金梨园要求土层深厚，透气良好，有机质含量较高。土壤黏重、土层薄的地块不宜栽黄金梨。

※工具与材料准备

1. 准备好调查用的笔记本和笔。

2. 准备好网络调查所需电脑或智能手机。

> **任务实施**

建园调查

一、任务安排

班内分组，以小组为单位，到梨博园开展苍溪雪梨、翠冠梨、黄金梨建园调查。

二、任务要求

（1）梨园建设调查。组织学生到梨博园进行实地调查，了解苍溪雪梨、翠冠梨、黄金梨园地建设情况，并完成梨园建设调查表（表3-1-1）。

表3-1-1　梨园建设调查记录表

观察地点：　　　　　主栽品种：

小组成员：　　　　　调查时间：　　　　　记录人：

观察项目	主要调查内容	调查结果	备注
园地选址	交通状况		
	气候状况		
	土壤状况		
	地势		
	排灌设施		

表3-1-1(续)

观察项目	主要调查内容	调查结果	备注
小区	大小		
	形状		
道路	主路		
	干路		
	支路		
建筑	办公室		
	工人休息室		
	工具房		
	库房		
	配药室		
	粪池		
	其他		
水系	排水设施		
	灌溉设施		
防护林	主林带		
	副林带		
改土建园	土地平整		
	改土方式		

表3-1-1（续）

观察项目	主要调查内容	调查结果	备注
苗木及定植	品种		
	来源		
	标准		
	渠道		
	株距		
	行距		
其他			

（2）问题处理。每个学生根据实习情况做好总结，并形成200字以上的实习报告。

思考与练习

1. 苍溪雪梨、翠冠梨、黄金梨园地选择的标准有哪些？
2. 梨园规划有哪些内容？

考核评价

老师对学生的实习情况和调查报告完成情况进行评价。考核评价表如表3-1-2所示。

表3-1-2　考核评价表

考核项目	内容	分值/分	得分
调查完成情况（以小组为单位考核）（50）	苍溪雪梨、翠冠梨、黄金梨园地选择标准	20	
	梨园园地规划主要内容	20	
	安全生产与职业素养	10	

表3-1-2(续)

考核项目	内容	分值/分	得分
学习成效 （25）	拓展作业	5	
	记录表册的规范性	5	
	实习小结	5	
	实习总结	5	
	小组总结	5	
思想素质 （25）	安全规范生产（是否严格遵守操作规程）	5	
	纪律出勤	5	
	劳动态度（着装规范、爱护工具、不损坏果木及其他作物、认真清扫场地）	5	
	团结协作	5	
	创新思维能力（主动发现问题、解决问题的能力）	5	
合计		100	
评价人员签字	1. 任课教师： 2. 实习指导教师： 3. 专业带头人： 4. 园区（企业或行业）技术员：		

备注：严禁采摘、损坏园区产品及财物。如有损毁，视情节和态度扣除个人成绩20~40分，同时扣除其同组成员的安全生产及团结协作成绩，情节严重将按照相关处理办法进行违纪处理。

任务二　苗木定植与定植后管理

※知识目标

1. 掌握苍溪雪梨定植时间、方法、授粉树配置及定植后管理的相关知识。

2. 掌握翠冠梨定植时间、方法、授粉树配置及定植后管理的相关知识。

3. 掌握黄金梨的定植时间、方法、授粉树配置及定植后管理的相关知识。

※能力目标

1. 能开展苍溪雪梨定植及定植后的管理。

2. 能开展翠冠梨定植及定植后的管理。

3. 能开展黄金梨定植及定植后的管理。

※素质目标

1. 培养学生热爱家乡的情怀，帮助学生树立振兴苍溪梨产业的志向。

2. 培养学生热爱"三农"的情怀，帮助学生树立服务"三农"的责任感。

3. 培养学生安全生产、吃苦耐劳、精益求精的工匠精神。

4. 培养学生树立"绿水青山就是金山银山"的理念。

※知识要点

一、苍溪雪梨定植与定植后管理

（一）苗木定植

在园地选择规划好后，即可开厢规划定植穴。坡地梨园还应筑好梯地（台），然后按放线所定窝点挖定植穴。定植穴应达到长宽高均为 1 米的规格，挖好后施足腐熟的农家肥作为底肥，表土填底，底土盖面，将土与肥拌匀并垒成馒头状待植。

定植时间以 11 月上旬至 1 月下旬为宜。一般平地栽植行距为 4 米，株距为 2 米，山地、丘陵和缓坡采用等高栽植。

定植苗木应是健壮充实、基本无病虫、根系较完好的嫁接苗。栽植前修剪好断根。栽植时理顺根系，让根系舒展，边填土、边压实。栽植技术要点可用"三埋二踩一提苗"来概括，即先在穴内垫一些表土，施入腐熟的农家肥，把树苗放入，填入表土把根系盖住（一埋）。为防止苗根在穴内卷曲，埋后将苗轻轻向上提（一提苗），然后扶正苗木，踩实土壤（一踩）；再填一层表土至苗的茎根的交界处（二埋），把土再踩实（二踩）；浇水后再培一层土成丘状（三埋）。总的技术要求是分层填土，层层踩实，不窝根露根，根系与土壤密切接触，如图 3-2-1 所示。

注意，树苗不可栽得过深，以其根茎高于地平面 10~20 厘米为宜。垒好树盘后灌足定根水，然后用地膜盖严。注意定根水只能用清水，不能使用粪水。定植时要注意不能让根系与有机肥直接接触，以免肥料伤根。雨天不建议栽植果树。

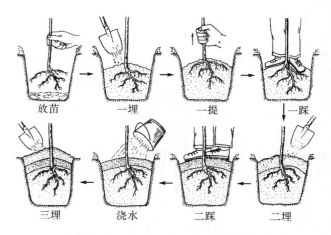

放苗　　　一埋　　　一提　　　一踩

三埋　　　浇水　　　二踩　　　二埋

图 3-2-1　"三埋二踩一提苗"栽植法

苍溪雪梨自花不孕，单一品种栽植不能结果，必须合理配置授粉树，授粉树的数量一般需达到10%。小梨园可以嫁接授粉品种的枝条来配置授粉树。授粉品种应选择与苍溪雪梨亲和力强，花期相同或相近，花粉量多且发芽率高，同时具有较高经济价值、丰产、稳产的品种。目前生产上，我们多选用河北鸭梨、六月雪、苍梨5-51作为授粉品种。

（二）定植后管理

1. 定干

定植后及时定干，一般定干高度为60~80厘米。根据干高要求，在整形带内留足饱满芽后将多余部剪去，如图3-2-2所示。针对细弱苗木，我们一般采取强截后使其重新萌发壮枝的处理方法，次年再定干。

2. 成活检查

春季发芽时，及时检查成活情况并进行补栽。苗木成活后，及时将砧木上发出的萌蘖及整形带下的萌芽全部抹掉。

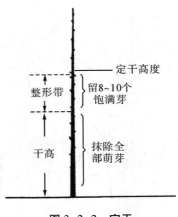

定干高度

整形带 } 留8~10个
饱满芽

干高 } 抹除全
部萌芽

图 3-2-2　定干

3. 补水与追肥

定植当天应灌足水，2~3 天后灌第二次水，半月后再灌一次水，及时追缓苗肥。

4. 中耕除草

根据杂草生长和降水情况，及时除草松土，全年应中耕 3~4 次。

5. 解袋除膜

萌芽后，将萌芽部位的塑料膜剪一孔洞，使嫩芽接受通风锻炼并使枝条从膜孔钻出生长，雨季来临前将套袋全部解除。

6. 病虫害防治

在病虫害防治方面，我们主要需防止金龟子、象甲等病虫破坏苗木的生长，在生产实践中，我们一般采用人工捕杀或用药防治的措施来应对。

二、翠冠梨定植与定植后管理

（一）苗木定植

1. 苗木选择

翠冠梨在选择苗木时，要求苗木为品种纯正、粗壮，地上部分嫁接口上1厘米处的直径要在0.8厘米以上，苗高应在80厘米以上，芽眼饱满充实，侧根多，须根发达，无病虫害的1年生嫁接苗。定植苗一定不能选择小老树。

2. 定植时间

翠冠梨多以秋、冬落叶后种植，种植时在根系附近可施入腐熟的农家肥，促进其生长，缩短缓苗期。通过在苍溪县的试验，翠冠梨可以在春季进行大树移栽，但移栽时根部必须多带土，才能保证成活率。在苍溪县，对老苍溪雪梨树进行高接换种，可以达到更新品种，同时又尽快投产的目的。

3. 定植密度

翠冠梨树体比苍溪雪梨小得多，宜采用密植方式，一般株行距为4米×2米或3米×2米。每亩定植84~110株。

4. 授粉树配置

翠冠梨属于自花不育品种，栽植时必须同时配置授粉树。目前生产上大多选用黄花梨、清香和西子绿等品种作为翠冠梨的授粉树，配置比例为8：1到10：1。

5. 建园定植

翠冠梨园要在定植前一个月进行深翻，改良土壤，按照8米开厢，厢沟深60厘米、宽40~60厘米。留好机械作业道，方便机械进园作业。

定植前先挖好宽80~100厘米、深40~60厘米的定植穴。每穴施"一口青环保酵素"有机肥10~15千克、磷肥1~2千克。将上述两种肥料与表土混匀后施于定植穴中作底肥，然后覆盖约20厘米厚的表土，在其上再做高墩定植苗木，定植后立即浇清水，树盘用薄膜覆盖。栽植时一定要保证有机肥与土壤应充分混合，要避免根系与有机肥直接接触，一般在粪肥上要垫至少10厘米的表土。梨苗种植深浅要与原种植深度基本相同，露出嫁接口，栽后及时灌足定根白水，覆盖薄膜增温保湿。

（二）定植后管理

梨树定植后管理的好坏，对当年成活率、缓苗期长短和幼树发育都有深远影响。

1. 及时揭膜、补水

小苗定植后，一次性灌足定根水，冬季可不再灌水；但春季发芽前10天必须进行一次灌水，以促进萌芽。

当气温回升，温度较高时，可以揭掉树盘覆盖的薄膜，中耕树盘，同时用秸秆覆盖，以达到保墒的效果。为了保证树盘少生杂草，可用黑色塑料膜覆盖，夏秋季不揭膜。

2. 查苗补栽

早春，在芽萌发后对全园进行检查，将已经死亡的树及时挖除。在阴雨天，用带土移栽法补齐空缺处，此时注意一定要多带土少伤根，以确保成活率。

3. 合理间作

为了充分利用土地，加强土壤管理，在梨园的幼树期可以套种豆类、蔬菜等矮秆作物，以提高梨园前期效益。在间作时要忌种高秆、缠绕性作物和耗养分较多的作物。不能间作与梨树有共同病虫害的作物。

在间作时一定要将梨树树盘留出，一般树盘半径为1.5~2米，或留出1.5米宽的定植带。间作不可过近，要保护好树盘。

4. 及时立支柱，防止苗木倾斜

翠冠梨幼苗偏软，易倒伏，尤其大树移栽更易倒伏。因此，在定植后的第一年，要根据具体情况立好支柱，防止苗木倾斜、倒伏。

5. 及时抹芽、摘心、定干

幼苗定植后，要及时抹除萌发的萌蘖，避免其影响树体。对于嫁接口以上萌发的芽，留4~5个芽，其余抹除。留下的芽，根据准备整形的树形决定留芽方向、间距，要注意重点培养顶端芽，保证其生长优势，否则不易早果。留下的芽所抽生的枝条在停长前及时摘心，促进枝的加粗生长。

定干高度为50~60厘米，定干剪口下留5~8个饱满芽，同时采用拉枝整形的方法可使梨树提前2年结果。

6. 合理追肥

萌芽后，当新梢长为10~15厘米时，使梨树开始追肥，间隔15天，连续3~4次。肥料以稀薄粪水加0.2%的尿素灌施；也可配合打药加入0.2%的尿素或0.2%的磷酸二氢钾，进行叶面喷雾4~5次。追肥对枝叶生长及枝芽充实效果明显。

7. 病虫害防治

幼树发芽后，易发生金龟子和象甲虫害；生长期要注意锈病、黑斑病、蚜虫、梨茎蜂、螨类等病虫害，因此，在梨树发芽后要经常到梨园查看，一旦发现虫情，要及时防治。

三、黄金梨定植及定植后管理

为了尽快投产，黄金梨定植时要选根系完整、须根发达，嫁接口上1厘米处为直径0.8厘米以上，苗高80厘米以上的壮苗，作为定植苗。

定植时按株行距要求拉线、定穴，栽植穴深50厘米左右，不宜太深。挖好定植穴后，每穴施入土杂肥50千克和复合肥0.5千克左右，并将土杂肥、复合肥、熟土充分混合。定植时严防过深，否则定植后易出现积水死树。定植时埋土至原来苗木的土位，覆土要用细熟土，边栽植边用脚踩踏实，使根系与土壤充分接触。定植后及时灌好定根水，待树盘水分充分渗透后再覆盖一层细土，以减少水分蒸发，浇水后整理树盘，覆盖地膜。

根据黄金梨的生物学特性，其栽植的密度可以略高于苍溪雪梨，株行距以2米×4米或2米×3米，亩栽84~111株为宜，行向以南北行为宜。黄金梨栽植定植穴是在全园深挖改土的基础上，开挖80厘米见方的树窝。

由于黄金梨花粉很少，建园时必须配置2种以上的品种作授粉树，授粉树比例以10∶1为宜。一般的白梨系统品种和砂梨系统品种的花粉授粉效果都较好。苍溪县授粉品种最好选经济效益高的翠冠、园黄等。

定植后，剪留长50~80厘米的树干进行定干。

※工具与材料准备

1. 准备好调查用的笔记本和笔。

2. 准备好网络调查所需的电脑或智能手机。

任务实施

苗木定植及定植后的管理调查

一、任务安排

班内分组，以小组为单位，组织学生到梨博园开展苍溪雪梨、翠冠梨、黄金梨定植及定植后的管理调查。

二、任务要求

（1）梨树定植及定植后的管理调查。组织学生到梨博园进行实地调查，了解苍溪雪梨、翠冠梨、黄金梨园的定植密度与株行距、授粉树配置、定植后管理等基本情况。

（2）问题处理。每个学生根据实习情况做好总结，并形成实习报告。

1. 苍溪雪梨、翠冠梨、黄金梨的定植密度是多少?
2. 如何确定梨树的定植时间?
3. 梨树定植有哪些技术要领?
4. 简述梨树定植后的管理内容。

考核评价

老师对学生的实习情况和调查报告完成情况进行评价。考核评价表如表3-2-1所示。

表 3-2-1　考核评价表

考核项目	内容	分值/分	得分
调查完成情况（以小组为单位考核）（50）	定植密度与株行距	10	
	定植方法	15	
	授粉树配置	10	
	定植后管理	15	
学习成效（25）	拓展作业	5	
	记录表册的规范性	5	
	实习小结	5	
	实习总结	5	
	小组总结	5	

表3-2-1(续)

考核项目	内容	分值/分	得分
思想素质 (25)	安全规范生产（是否严格遵守操作规程）	5	
	纪律出勤	5	
	劳动态度（着装规范、爱护工具、不损坏果木及其他作物、认真清扫场地）	5	
	团结协作	5	
	创新思维能力（主动发现问题、解决问题的能力）	5	
合计		100	
评价人员签字	1. 任课教师： 2. 实习指导教师： 3. 专业带头人： 4. 园区（企业或行业）技术员：		

备注：严禁采摘、损坏园区产品及财物。如有损毁，视情节和态度扣除个人成绩20~40分，同时扣除其同组成员的安全生产及团结协作成绩，情节严重将按照相关处理办法进行违纪处理。

情景小结

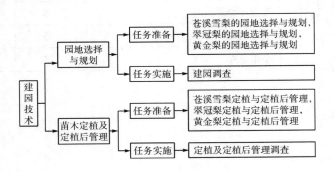

综合测试

一、填空题

1. 防护林类型有 _____ 型、_____ 型和 _____ 型三种类型。

2. 苍溪雪梨平地栽植株行距一般为_____，山地、丘陵和缓坡采用_____。

3. 梨树栽植技术要点可用"_____"来概括。

4. 梨树栽植深度一般以其根茎高于地平面_____为宜。

5. 苍溪雪梨必须配置_____的授粉树。

6. 苍溪雪梨目前生产上多用_____、_____、_____作为授粉品种。

7. 梨树定植后虫害主要有_____、_____等，可采用人工捕杀或用药防治的措施来应对。

8. 翠冠梨宜采用密植方式，一般株行距为_____或_____，每亩定植_____株。

9. 翠冠梨目前生产上大多选用_____、_____和_____等品种作授粉树，配置比例为_____到_____。

10. 黄金梨栽植密度略高于苍溪雪梨，株行距以_____或_____，每亩栽_____株。

二、判断题

1. 苍溪雪梨一般按8米进行开厢，厢沟深60厘米、宽40~60厘米，并留好机械作业道。 （ ）

2. 水肥一体化设施有利于减少管理劳动力投入，节约成本。 （ ）

3. 苍溪雪梨定植时间以11月上旬至1月下旬为宜。 （ ）

4. 梨树定根水只能用清水，不能使用粪水。　　　（　　）

5. 为了让梨树充分吸收养分，要让根系与有机肥直接接触。
　　　　　　　　　　　　　　　　　　　　　　　　（　　）

6. 苗木定植成活后，应及时将砧木上发出的萌蘗及整形带下的萌芽全部抹掉。　　　　　　　　　　　　　　（　　）

7. 翠冠梨小苗定植后，一次性灌足定根水，冬季可不再灌水。
　　　　　　　　　　　　　　　　　　　　　　　　（　　）

情景四 梨园管理

　　本情景的学习内容为苍溪雪梨、翠冠梨、黄金梨的施肥规律，梨树施肥时期、施肥量和施肥方法，梨园灌溉与排水技术，苍溪雪梨百年老梨园的保护与管理技术。本情景的理论讲解与实训练习，帮助培养学生热爱农业、热爱家乡的情怀帮助学生树立服务"三农"、振兴家乡的责任感及振兴苍溪梨产业的志向；帮助学生树立降碳环保、绿色发展、协调发展的意识和吃苦耐劳、精益求精的工匠精神。

任务一　梨园的土壤管理

　　※知识目标

　　1. 掌握苍溪雪梨幼年树果园和成年树果园土壤管理的基本知识。

　　2. 掌握翠冠梨、黄金梨幼年树果园和成年树果园土壤管理的基本知识。

※能力目标

具备扩穴深翻、深翻改土、行间间作、中耕松土等果园土壤管理的基本能力。

※素质目标

1. 培养学生热爱家乡的情怀，树立振兴苍溪梨产业的志向。

2. 培养学生热爱"三农"的情怀，帮助学生树立服务"三农"的责任感。

3. 培养学生安全生产、吃苦耐劳、精益求精的工匠精神。

4. 培养学生树立"绿水青山就是金山银山"的理念。

任务准备

※知识要点

一、苍溪雪梨果园的土壤管理

土壤是果树生长发育的基础，土壤的好坏直接影响着果树的生长发育状况。加强土壤改良，及时增施有机肥料，提高土壤的保水保肥和通气透水能力，为根系生长创造良好条件。对于基础条件较差的梨园，应加大土壤改良力度，采取沙掺黏、黏掺沙、爆破、客土、种植绿肥等措施来改造土壤，培肥地力。

（一）幼年树果园土壤管理

1. 扩穴深翻

幼树栽植后的 2~4 年内，自定穴起每年或隔年向外扩穴，直至株间全园翻完一遍为止。每次深翻可结合施入粗质有机肥料和石灰。图 4-1-1 为扩穴课翻的示意图。

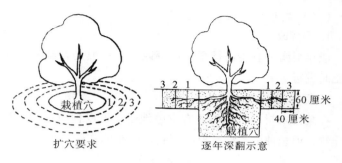

图 4-1-1　扩穴深翻的示意图

2. 行间间作

幼树果园由于树体小，行间空地较多，我们可进行间作（图 4-1-2）。幼树行间以种植绿肥为佳，如紫云英、苜蓿、豆科作物等。种植绿肥不仅能够改良土壤，又可经济地利用土地，解决有机肥源问题，从而维持和提高地力。绿肥一般一年种两次，按亩产 2 500~3 000 千克计，这些绿肥的含氮量约 12.5~15 千克，相当于 2 500~3 000 千克梨果的需氮量。如果梨园土质差，有机质少，可在每年的 4~5 月，用秸秆覆盖梨园，待秋冬季将其翻入土壤中，增加土壤的有机质，疏松改良土壤。

图 4-1-2　幼年果园行间间作

（二）成年树果园土壤管理

1. 深翻改土

成年梨园一般要进行全园深翻改土，一般是在施秋肥或有机肥时进行。

2. 行间间作

在梨树未封行，行间还有空隙地时，可以种植绿肥、叶菜类作物，但忌种植高秆、根系深扎、广布的作物，如图 4-1-3 所示。

图 4-1-3　成年果园行间间作

3. 中耕松土

梨园要根据土壤墒情及时中耕松土。土壤中耕的次数，可因地制宜，一般以每年 2~3 次为佳，即夏季 1 次，秋、冬季各 1 次。每次中松土时耕可结合施肥或灌水，冬季中耕应结合清园措施。

二、翠冠梨、黄金梨果园土壤管理

（一）幼年树果园土壤管理

翠冠梨梨树从栽后到正式投产，一般需 2~3 年，此期为幼树期，梨树幼年树以营养生长为主。果园土壤管理的主要内容为深翻改土、行间间作和树盘管理。

1. 深翻改土

通过深翻，梨园可以加深活土层，增加土壤的透气性。深翻方式有扩穴深翻、隔行或隔株深翻、全园深翻三种。

幼年树梨园多采用扩穴深翻，根据间作情况，也可采用隔行深翻。隔行深翻是指先在一个行间深翻，留一个行间在下一年进行深翻，分两次完成。当年只伤一侧根系，这对树体生长发育的影响较小，隔行深翻常用于成行栽植和密植的成龄园地。全园深翻是将栽植穴以外的土壤一次深翻完毕，适用于树体幼小、劳力充足的果园。

深翻时间首选秋季，其次为秋季采果后、春季萌芽前。深翻要结合施基肥进行，以减少用工量，节省成本。深翻的深度一般为 25 厘米以上。

2. 行间间作

幼年树梨园间作可以提高土地利用率，提高经济效益，同时管理好对间作物还可以达到改良土壤的功效。

间作物不能选择高秆、缠绕以及高耗养分的作物，如玉米、高粱、南瓜等。宜间作的大田作物有大豆、小豆、绿豆、花生等，宜间作的蔬菜有马铃薯、地瓜、大葱、香瓜、西瓜、番茄、茄子、辣椒等，宜间作的药材有贝母、红花、生地、月见草等，宜间作的绿肥有苜蓿草、草木樨、紫穗槐等。幼年梨园间作物以花生、大豆、竹荪以及绿叶菜为佳，其中以能固氮的豆科作物为最佳。

间作物与幼年树树主干的距离要保持 80~100 厘米。随着树冠的扩大，要逐年缩小间作范围，以保证梨树有足够的营养和生长空间。

3. 树盘管理

梨树树盘是梨树根系分布较多的地方。经常保持树盘内土壤疏松无杂草，不但有利于保水及根系活动，也可以减少病虫危害，因此树盘管理主要是刨树盘与除草松土。

（1）刨树盘。

幼年树梨园要留 1.5~2.0 米的树盘，随着树龄增加，还要逐渐增大树盘。

刨树盘的时间以秋天果实采收以后至落叶之前为最佳，在果园劳动力不紧张的情况下，春天也可以创树盘，但由于春天于往往雨少、风大，刨树盘后不利于保墒和伤根的愈合。

刨树盘的深度一般以 15~20 厘米为宜。距树干近处要刨得浅一些，距树干远处要刨得深一些，一直到与树冠外围枝条相垂直处。刨树盘时，一边刨一边打碎土块，如果有杂草，可将杂草压在土下，以做肥料。

（2）除草松土。

树盘内除草每年至少要进行 2~3 次，以保持树盘内无杂草。在行间杂草籽未成熟之前将草割倒，并覆盖在树盘的外围，这样既可以减少水土流失，防止地面水分蒸发，又可增加表土层的有机质含量。

有条件的地方树盘管理以刨松土后立即覆盖，冬季以黑色薄膜为佳，夏秋季以秸秆为佳。

（二）成年树果园土壤管理

翠冠梨、黄金梨成年树果园土壤管理可参照苍溪雪梨土壤管理的方法与步骤。

※工具与材料准备

1. 准备好调查用的笔记本和笔，准备好网络调查所需的电脑或智能手机。

2. 梨园土壤管理实习准备：锄头、割草机。

梨园土壤管理实习

一、任务安排

班内分组,以小组为单位,组织学生在智慧果园开展梨园土壤管理实习。

二、任务要求

(1)梨园土壤管理实习。组织学生在智慧果园参加苍溪雪梨土壤管理实习,重点掌握土壤管理的基本技能。

(2)问题处理。每个学生根据自身实习情况做好总结,并形成实习报告。

思考与练习

1. 如何进行梨园土壤改良?

2. 幼年树梨园土壤管理的主要内容有哪些?

3. 成年树梨园土壤管理的主要内容有哪些?

4. 梨园行间间作需要注意哪些问题?

考核评价

老师对学生的实习情况和调查报告完成情况进行评价。考核评价表如表4-1-1所示。

表 4-1-1 考核评价表

考核项目	内容	分值/分	得分
实习完成情况（以小组为单位考核）（50）	梨园土壤管理实习	50	
学习成效（25）	拓展作业	5	
	记录表册的规范性	5	
	实习小结	5	
	实习总结	5	
	小组总结	5	
思想素质（25）	安全规范生产（是否严格遵守操作规程）	5	
	纪律出勤	5	
	劳动态度（着装规范、爱护工具、不损坏果木及其他作物、认真清扫场地）	5	
	团结协作	5	
	创新思维能力（主动发现问题、解决问题）的能力	5	
合计		100	
评价人员签字	1. 任课教师： 2. 实习指导教师： 3. 专业带头人： 4. 园区（企业或行业）技术员：		

备注：严禁采摘、损坏园区产品及财物。如有损毁，视情节和态度扣除个人成绩20~40分，同时扣除其同组成员的安全生产及团结协作成绩，情节严重将按照相关处理办法进行违纪处理。

任务二　梨园的肥水管理

任务目标

※知识目标

1. 掌握苍溪雪梨的需肥规律。

2. 掌握苍溪雪梨土壤施肥和根外追肥的基本知识。

3. 掌握苍溪雪梨灌溉与排水的基本知识。

4. 掌握翠冠梨园肥水管理的基本知识。

5. 掌握黄金梨园肥水管理的基本知识。

※能力目标

1. 能正确实施苍溪雪梨园施肥管理。

2. 能正确实施苍溪雪梨园的灌排管理。

3. 能正确实施翠冠梨园肥水管理。

4. 能正确实施黄金梨园肥水管理。

※素质目标

1. 培养学生热爱家乡的情怀，帮助学生树立振兴苍溪梨产业的志向。

2. 培养学生热爱"三农"的情怀，帮助学生树立服务"三农"的责任感。

3. 培养学生安全生产、吃苦耐劳、精益求精的工匠精神。

4. 培养学生树立"绿水青山就是金山银山"的理念。

※知识要点

一、苍溪雪梨园施肥管理

（一）苍溪雪梨的需肥规律

苍溪雪梨在年生长周期内每50千克产量需氮235克、磷115克、钾240克、钙220克、镁65克。苍溪雪梨营养器官的氮磷含量与果实的氮磷含量相似，而钾的含量，果实较营养器官则高达3倍以上，因而在果实膨大至成熟期应特别注意增施钾肥。

（二）土壤施肥

我们应根据不同物候期，适时、适量因树进行地下施肥，从根本上解决梨树生长与结果所需的养分。不同年龄时期的树，施肥方法有所区别。

1. 不同年龄树的施肥

幼树施肥，以氮肥为主，主要目的是促根扩冠，使梨树提早结果。施肥主要是开环状沟施用速效性氮肥，一般每株0.05~0.1千克尿素兑水25千克，配合施草木灰、农家肥、土杂肥等，全年施用5~6次。宜勤施、薄施，少施、多次。

成年树施肥。在此期间，梨树营养生长占优势，分枝增多，树冠内光照渐趋不良，生长与结果常失衡，栽培上要加强肥水管理，维护健壮树势，延长结果年限。应重施基肥，早施追肥，并配合施用氮磷钾肥，多施农家肥料。基肥采用行间施或全园深施，一般每株施农家肥25千克并混以2.5千克油枯及适量草木灰。施肥后要及时灌水覆土。由于雪梨树新梢生长时间早、短而集中，故春、夏两季肥料应早施。

衰老树施肥，要适当多施氮肥，以促进梨树的营养生长和增加梨树的枝量，重施秋肥，适施春肥和夏肥，施肥原则基本与幼树相似。

2. 一年中不同时期的施肥

一年中不同时期的施肥，目的与施肥侧重点各不相同。

春肥：在萌芽前施，重氮肥，施肥同时保证灌足水。

夏肥：保花又壮果，根据树势酌情施，此期间要注意增施微量元素肥。

秋肥：秋季施肥最关键，此期间应以有机肥为主，适当配施磷肥。

花前肥：花前肥应于萌芽开花前进行，宜以速效性氮肥为主。

壮果肥：在春梢停长后，果实第二次膨大前进行，将氮、磷、钾配合施用，比例为 6：1：3。这次施肥不宜过早，否则会引起枝梢徒长，果实糖分下降而影响品质，海拔 600 米左右的地区施壮果肥的时间为 5 月下旬至 6 月为宜。

采后肥：采后肥主要是为来年丰产奠定基础，也可与秋肥结合，以农家肥为主，氮、磷、钾三要素的比例为 7：2：1，占全年施肥量的 40% 以上。

在成年梨园中，土壤施肥的重点是秋采果肥、秋肥、春肥和壮果肥。为了节省劳动力，我们在生产上常常把采果肥、秋肥、冬肥结合在一起施，并且同步进行全园翻耕，另外，夏肥与壮果肥常常也是同时进行的。

总之，地下施肥主要是提高土壤中各种营养元素的含量、疏松土壤、增强土壤有机质，为根系和树体的生长创造良好的营养条件。

（二）根外追肥

根外追肥即叶面施肥，土壤施肥是基础，主要起治本作用，而根外追肥快捷有效，起补充作用。叶面施肥要掌握好肥料的浓度，浓度过大烧叶，浓度过小则无效。生产上，常用的根外追肥浓度为：尿素 0.2% ~ 0.3%，过磷酸钙浸出液 0.2% ~ 0.3%，磷酸二氢钾 0.2% ~ 0.3%，腐熟人尿 10% ~ 15%，草木灰浸出液 3% ~ 5%，硼砂或硼酸 0.2% ~ 0.3%，锌 0.2% ~ 0.3%，蚕沙浸出液 10%，高能钾钙在果实套袋后施 1 次，在采收前 20 天施 1 次。

二、苍溪雪梨园的灌溉与排水

水是梨树生长的命脉，是一切器官生命活动必不可少的组成部分。苍溪雪梨叶和枝的含水量一般为 50% ~ 78%，根系的含水量为 85%，果实含水量约为 90%，一亩成年苍溪雪梨树一年的吸收和蒸发水为 1 000 ~ 1 500 立方米，一株成年植株年需水量约为 2 立方米，尤以萌芽、开花、抽梢、果实生长高峰和花芽分化等时期耗水量大。如果这些时期土壤中水分不足或不能满足苍溪雪梨树的最大需水量时，梨树就会因缺水出现受精不良，落花落果，叶片萎蔫，新梢提前停长，幼果发育不良等现象，甚至导致梨树果实产量和品质严重降低。所以，待芽萌动时和生理落果前，要适时、适量灌水，这对保花稳果、提高产量和品质具有十分重要的作用。苍溪雪梨的灌水量必须结合天气、土壤含水量及梨树生长时期而定。当土壤含水量低于 65%，而梨树生长发育又需水较多时必须及时灌水。

春灌一般在梨芽萌动前，每株树浇灌 20 ~ 100 千克的水，即可解除早春干旱危机。

花谢后，幼果开始膨大且迅速生长时，正值树体需水量较多的时期，适量灌溉可提高坐果率，促进结果和生长的平衡。

"小满"至"立夏"这段时间是果实第二次生长高峰期，适时适量灌溉能加速果实生长和促进花芽分化。

果实膨大后期到采收前，果实内部变化很大，若遇大旱，应适量浇灌解旱，以提升产量、品质及花芽分化的质量。

灌溉的方法应视地形地势和水源等具体条件和情况而定，

可采取喷灌、沟灌、穴灌、满园渗灌和滴灌、喷灌等方法。缺肥的梨园可在灌水时结合施肥，效果更佳。有肥无水，肥料难以溶解及充分发挥其肥效，有水无肥，梨树也不能得到结果所需的养分。

水的灌溉量，应视土壤中的水分含量多少而定。天气湿润可适量少灌，土壤干旱则应适当多灌。灌溉原则是使灌溉水能渗透到主要根系分布的土层，使土壤持水量为65%～75%为宜。

土壤中水分过多，透气性能减弱，则会影响根的呼吸，严重时会使根的活跃部分窒息而死，从而引起落叶落果，降低果实风味。同时土壤中水分过多还易诱发梨树烂根，过多的水分导致病菌发生或蔓延，甚至造成植株死亡。因此，在果园中除了要做好保水、蓄水和适时灌溉外，还应同时做好防洪、防涝等排水工作，如建好盘山沟，排洪道，台地背沟和园地的排水沟等，以利排水。多雨季节，还应与气象和水利部门密切联系，掌握洪情，提高果园的防汛能力。梨园内排水数量和大小，应根据当地降雨多少和土地保水力的强弱及地下水位的高低而定。一般情况下，排水沟的深度应为50～60厘米，宽度应为40～50厘米。大型梨园则应尽量做到排、灌结合，以利于生产管理和树体的正常生长发育。

三、翠冠梨园施肥管理

（一）土壤施肥

1. 秋季深翻与施基肥

采果后至落叶前，我们应对果园进行深翻，按一斤果一斤肥的比例施入充足的有机肥，同时加入少量磷肥。施肥要逐渐扩大范围，变换位置。

2. 根际追肥

全年追肥3次左右，即花前肥、壮果肥、采前肥。花前肥在早春萌芽前10天左右进行，以氮肥为主；壮果肥在5月进行，以多元素复合肥为佳；采前肥在 6 月果实迅速膨大期进行，配合磷钾肥使用。在施肥的同时要结合土壤墒情进行灌水。

（二）根外追肥

3. 根外追肥

在 6~7 月的生长旺季，应进行多次叶面喷肥，其次是秋季喷氮、磷、钾肥，以达到保叶的目的。

四、黄金梨园肥水管理

（一）重施基肥，间种绿肥，提高土壤有机质含量

黄金梨园对土壤和肥料的要求较高，为了提高土壤有机质含量，在每年秋季，每亩施腐熟的农家圈肥 5 000 千克左右，同时加施复合肥 100 千克左右。幼年园采用扩穴的方式进行施肥，成年园采用隔行施肥的方式，施肥沟深 20~30 厘米。施用农家肥时要让肥与熟土充分混合，并灌足水。为了改良土壤，梨园行间还应种植豆科作物，或三叶草等绿肥草，在这些肥草即将开花时割断并埋入行间沟中。

（二）科学追肥，适时灌水

追肥时间宜在开花前、春梢旺长期、果实膨大期进行。以施三元复合肥、钾肥为主。谢花后至套袋前，可结合喷药，喷 2~3 次磷酸二氢钾的 300 倍液。地面施肥后要结合灌水，使灌水时间与施肥时间吻合。果园土壤湿度应保持在 60%~80%，低于 60% 时应灌水。喷灌、滴灌最好。

※工具与材料准备

1. 准备好调查用的笔记本和笔，准备好网络调查所需的电脑或智能手机。

2. 梨园肥水管理实习准备：商品有机肥、锄头、喷雾器。

梨园土肥水管理调查
梨园肥水管理实习

一、任务安排

组织学生到梨博园、亭子湖梨园，开展梨园土肥水管理调查；组织学生在智慧果园开展梨园肥水管理实习。

二、任务要求

（1）梨园土肥水管理调查。组织学生到梨博园、亭子乡梨园进行实地调查，了解苍溪雪梨园的土肥水管理的方式、方法，并形成报告。

（2）梨园肥料管理实习。组织学生在智慧果园参加梨园施肥实习，重点掌握梨园施肥的基本技能。

（3）梨园水分管理实习。组织学生在智慧果园参加梨园水分管理实习，重点掌握水分管理的基本技能，尤其应掌握现代农业的喷灌、滴灌技术。

（4）问题处理。每个学生根据自身的实习情况做好总结，并形成实习报告。

思考与练习

1. 简述苍溪雪梨的需肥规律。

2. 针对不同年龄的苍溪雪梨，我们应如何科学施肥？

3. 针对一年中不同时期的苍溪雪梨，我们应如何科学施肥？

4. 如何确定苍溪雪梨的需水量？

考核评价

老师对学生的实习情况和调查报告完成情况进行评价。考核评价表如表 4-2-1 所示。

表 4-2-1　考核评价表

考核项目	内容	分值/分	得分
实习与调查完成情况（以小组为单位考核）（55）	梨园的土肥水管理调查	20	
	梨园土壤施肥与根外追肥	20	
	梨园灌溉与排水	10	
学习成效（20）	拓展作业	5	
	记录表册的规范性	5	
	实习小结	5	
	实习总结	5	
	小组总结	5	
思想素质（25）	安全规范生产（是否严格遵守操作规程）	5	
	纪律出勤	5	
	劳动态度（着装规范、爱护工具、不损坏果木及其他作物、认真清扫场地）	5	
	团结协作	5	
	创新思维能力（主动发现问题、解决问题的能力）	5	
合计		100	
评价人员签字	1. 任课教师： 2. 实习指导教师： 3. 专业带头人： 4. 园区（企业或行业）技术员：		

　　备注：严禁采摘、损坏园区产品及财物。如有损毁，视情节和态度扣除个人成绩 20~40 分，同时扣除其同组成员的安全生产及团结协作成绩，情节严重将按照相关处理办法进行违纪处理。

任务三　苍溪雪梨百年老园的保护与管理

※知识目标

1. 掌握苍溪雪梨百年老梨园的特点。

2. 掌握苍溪雪梨百年老树树干修复与保护的基本知识。

3. 掌握苍溪雪梨百年老树根系修复的基本知识。

※能力目标

1. 具备修复与保护老树树干的基本能力。

2. 具备修复老树根系的基本能力。

※素质目标

1. 培养学生热爱家乡的情怀，帮助学生树立振兴苍溪梨产业的志向。

2. 培养学生热爱"三农"的情怀，帮助学生树立服务"三农"的责任感。

3. 培养学生安全生产、吃苦耐劳、精益求精的工匠精神。

4. 培养学生树立"绿水青山就是金山银山"的理念。

任务准备

※知识要点

一、苍溪雪梨百年老梨园的特点

（一）观赏性强

百年老梨树树体经受了多种"磨难"，它们中有的树树干偏斜，有的树的大枝已腐烂成洞，有的树的内膛大枝光秃，有的枯木逢春，向人展示出古朴沧桑、遒劲飘逸的景象，能丰富观赏者精神感受。随着树龄的增长，其价值还会不断增加。

（二）土壤营养元素失衡

百年来梨树扎根于微小之地，年年养分补充雷同，长期被施用化学肥料，土壤酸化、盐渍化，严重破坏了土壤的团粒结构，致使土壤板结严重、透气性差、保水保肥能力下降。上述原因导致果树的根系发育不良，造成梨树衰老严重。再加上果农们的施肥不科学、不合理及单一施肥等原因，果园土壤营养元素失衡严重。

（三）树势衰弱、抵抗力下降

百年老梨树由于自然原因、生产原因，根系吸收能力下降，枝叶减少，光合作用能力下降，养分合成减少，很多骨干枝都已衰亡，小型结果枝组已经明显减少，新梢的生长量小，骨干枝、延长枝生长比较缓慢，树冠的体积也缩小了，内膛枝组容易干枯，结果部位已经明显外移，落花落果的现象比较严重；主干和根颈部发生萌蘖，在主枝的基部会抽生部分徒长枝；树体对修剪的反应比较迟钝，伤口比较难愈合，易形成伤口腐烂的现象。

（四）营养不良，产量严重下降

营养状况不好是果树提前衰老的根本原因。一方面，树体正常结果生长所需要的大量无机元素及光合作用的产物不足；另一方面，梨树生长的某些关键元素缺乏，使树体生命不能正常进行，如缺氮元素，果树生长减缓，叶片小而失绿，新梢短而细；缺锌易发生小叶病，缺铁易诱发黄化病，缺锰易发生粗皮病，缺硼易发生缩果病等，这些病症都可以诱使果树衰老。

（五）病虫害严重

由于多年的积累，老年梨园土壤中宿存的病原菌、虫卵非常多，尤其是黑星病、梨锈病、花腐病、梨木虱、蚜虫、吉丁虫、红黄蜘蛛、红蜡蚧等病虫害严重，影响梨树的产量和品质。绝大部分老树在骨干枝、分杈处会被地衣浸染，从而加重其腐烂，形成空洞、枯枝，严重者会出现死树现象。老树骨干枝腐烂现象突出，腐烂发生的部位主要集中在树干、主枝和枝杈部位，也有1~2年的生枝。严重的病虫害常使发病部位皮层腐烂坏死甚或干枯，影响果树正常生长发育。皮层坏死导致果树上下养分运输不畅，有机营养、无机营养、水分不能正常交换运输，影响了果树枝叶和根系的生长，造成枝枯根死，严重者可导致整株果树衰老、死亡。

二、苍溪雪梨百年老梨树保护与管理

（一）疏导树盘土壤积水

老梨树的种植土壤经多年灌溉与耕作，相当部分的排水沟已经不畅通，且老梨园地势平坦，缺少坡度，果园的排水系统已经难以应对大雨天的排水问题。并且，经过几十年的积累，老梨园土壤中盐分富积严重，这也会造成树体生产不良。解决排水问题，可以加深原排水沟。如果原排水沟不能加深，或加深后会影响果园风貌，则可在老梨树树冠滴水线下挖1米深环状沟，铺设直径63毫米的防渗管，将雨水导引至主排水沟中，以防止雨季形成内涝。

（二）修复与加固树干

苍溪雪梨百年老树的多数树干都会有腐烂现象，且空洞现象比较严重，如不进行及时填补，树干将会在2~3年内进一步腐烂，树体上的寄生真菌繁殖加快，从而加快老树死亡的速度。我们可以在冬春时节，对百年老树上的空洞进行清理，刮除其腐烂部分，用杀菌剂消毒后，再用钢筋、河沙、石子、水泥等填补加固，防止其继续腐烂或再次遭受虫害。为了加大老梨树观赏性，我们也可以把腐烂、空洞进行处理成树桩盆景状。

百年老梨树是梨园难得的景观，也是展现百年老梨树文化的重要景观，但这些老梨树的树干腐烂严重，现有树干已经不能支撑树体的重量。需用钢管搭架固定其树干，防止树干断裂。为了让百年老梨树的景观不受支撑钢架的影响，在搭架时可以将钢架设计成不同形状的架材，增强百年老梨树的观赏性。

（三）靠接增根

老梨树的大部分根系已经衰老，新生根系又很少，严重影响树体正常生长结果。针对根系生长较差的老梨树，我们可以在树干四周靠接杜梨或豆梨，加大根系生长量，从而为树体生长提供更多的水分与矿物营养，促进老梨树的正常生长。为增强老树与砧木间的养分传输能力，提高靠接植物的成活率，最好在离地 10 厘米以上靠接。

（四）桥接保证养分输送

老梨树部分主干或主枝上的皮层、木质部严重腐烂，严重影响养分输送，我们在采用钢筋、河沙、石子、水泥等填补加固后，再进行桥接，以保证养分在伤疤部位的正常输送。

（五）地面生草保墒，增施有机肥和生物肥

老梨树下的土壤常缺乏有机质和微团粒结构，我们如果采用清耕法，会减少土壤中的有机质、微团粒结构，加重土壤板结。为了增加观赏性，我们可以在梨树行间种植观赏性强的细叶结缕草、狗牙根、剪股颖、早熟禾等植物，也可在树下人少踩踏之地播种菊苣、沙打旺、红豆草、决明子等草花，构建观花草坪。

针对百年梨园中的土壤严重缺少有机质、微团粒结构的现象，我们可以利用 3~5 年增施有机肥、生物肥来进行改良。

（六）铺设观景步行道

老梨树常是人们在观光时欣赏的重点，但由于老梨树园在建园时并没有铺设步行道，人们在观花、观果时常如果踩实了树盘、行间土壤，就会影响根系生长。为减少人为损伤，我们可以树干为中心，以冠径加200厘米为直径的范围内铺设石板，形成观景步行道。

※工具与材料准备

1. 准备好调查用的笔记本和笔。
2. 准备好网络调查所需的电脑或智能手机。

任务实施

苍溪雪梨百年老梨园保护与管理调查

一、任务安排

班内分组，以小组为单位，组织学生到梨博园开展苍溪雪梨百年老梨园的保护与管理调查。

二、任务要求

（1）苍溪雪梨百年老梨园的保护与管理调查。组织学生到梨博园开展苍溪雪梨老梨园的保护与管理调查，重点调查老梨树树根和树干修复与保护的方法，老梨园景观打造的思路与方法。

（2）问题处理。每个学生根据自身实习情况做好总结，并形成实习报告。

思考与练习

1. 苍溪雪梨百老梨园的特点有哪些？
2. 怎样实施苍溪雪梨百年老树的根干修复与加固？
3. 怎样实施苍溪雪梨百年老树的根系修复？

考核评价

老师对学生的实习情况和调查报告完成情况进行评价。考核评价表如表4-3-1所示。

表 4-3-1 考核评价表

考核项目	内容	分值/分	得分
调查完成情况（以小组为单位考核）（50）	百老梨园的特点与景观打造	10	
	百年老树的根干修复与加固	25	
	百年老树的根系修复	15	
学习成效（25）	拓展作业	5	
	记录表册的规范性	5	
	实习小结	5	
	实习总结	5	
	小组总结	5	
思想素质（25）	安全规范生产（是否严格遵守操作规程）	5	
	纪律出勤	5	
	劳动态度（着装规范、爱护工具、不损坏果木及其他作物、认真清扫场地）	5	
	团结协作	5	
	创新思维能力（主动发现问题、解决问题的能力）	5	
合计		100	
评价人员签字	1. 任课教师： 2. 实习指导教师： 3. 专业带头人： 4. 园区（企业或行业）技术员：		

备注：严禁采摘、损坏园区产品及财物。如有损毁，视情节和态度扣除个人成绩 20~40 分，同时扣除其同组成员的安全生产及团结协作成绩，情节严重将按照相关处理办法进行违纪处理。

情景小结

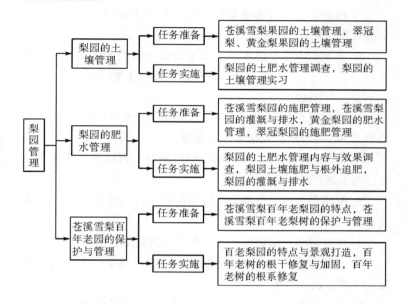

综合测试

一、填空题

1. 果园深翻方式有_____、_____、_____三种。

2. 果园深翻的深度一般为_____以上。

3. 间作物与幼年树树主干的距离要保持_____。

4. 树盘管理主要内容有_____与_____。

5. 苍溪雪梨一亩成年苍溪雪梨树一年吸收和蒸发的水为_____立方米，一株成年植株年需水量约为_____立方米。

6. 翠冠梨根际追肥，全年追肥 3 次左右，即_____、_____、_____。

7. 根系生长较差的老梨树，可以在树干四周_____杜梨或豆梨，加大根系生长量。

8. 主干或主枝上的皮层、木质部部分腐烂的老梨树，可以进行_____，以保证养分在伤疤部位的正常输送。

二、判断题

1. 种植豆科绿肥，一年两次，亩产 2 500~3 000 千克，相当于 2 500~3 000 千克梨果的需氮量。 （　　）

2. 在梨树未封行、行间还有空隙地时，可以种植玉米等粮食作物，增产增收。 （　　）

3. 梨园要根据土壤墒情及时中耕松土，一般每年 2~3 次为佳。 （　　）

4. 中耕可结合施肥或灌水，冬季中耕应结合清园。（　　）

5. 土壤中耕次数，可因地制宜，一般每年 2~3 次为佳，即夏季 1 次，秋、冬季各 1 次。 （　　）

6. 苍溪雪梨基肥采用行间或全园深施，一般每株施农家肥 25 千克并混以 2.5 千克油枯及适量草木灰 （　　）

7. 苍溪雪梨在果实膨大至成熟期应特别注意增施钾肥。
（　　）

8. 苍溪雪梨幼树施肥，以氮肥为主。 （　　）

9. 苍溪雪梨成年树施肥，应重施基肥，早施追肥，氮磷钾肥配合施用，多施农家肥料。 （　　）

10. 苍溪雪梨衰老树施肥，要适当多施氮肥，促进梨树的营养生长和增加梨树的枝量。 （　　）

11. 壮果肥在春梢停长后，果实第二次膨大前进行，将氮、磷、钾配合施用，比例为 6：1：3。 （　　）

12. 叶面施肥要掌握好肥料的浓度，浓度大有利于减少施肥

次数，节约劳力。　　　　　　　　　　　　　　（　　）

13. 一般情况下，排水沟深应为 50~60 厘米，宽应为 40~50 厘米。　　　　　　　　　　　　　　　　　　　（　　）

14. 缺肥的梨园可在灌水时结合施肥，效果更佳。（　　）

15. 基有一般按一斤果一斤肥的比例施入充足的有机肥，同时加入少量磷肥。

三、简答题

1. 幼年树果园土壤管理的主要内容有哪些？

2. 成年树果园土壤管理的主要内容有哪些？

3. 苍溪雪梨一年施肥的技术要领有哪些？

4. 百年老梨树树干修复与加固的方法有哪些？

情景五　花果管理

　　本情景主要学习苍溪雪梨、翠冠梨、黄金梨的疏蕾、疏花、疏果与果实套袋的知识与技术，掌握果实套袋的技术。本情景的理论讲解与实训练习，帮助学生培养热爱农业、热爱家乡的情怀，树立服务"三农"、振兴家乡的责任感及振兴苍溪梨产业的志向；帮助学生树立降碳环保、绿色发展、协调发展的意识和吃苦耐劳、精益求精的工匠精神。

任务一　保花保果

　　※知识目标

　　1. 掌握梨树的人工辅助授粉的基本知识。

　　2. 掌握果园放蜂的基本知识。

　　※能力目标

　　1. 能开展梨树人工辅助授粉。

　　2. 能正确开展果园放蜂、花期喷硼等保花保果措施。

※素质目标

1. 培养学生热爱家乡的情怀，帮助学生树立振兴苍溪梨产业的志向。

2. 培养学生热爱"三农"的情怀，树立学生服务"三农"的责任感。

3. 培养学生安全生产、吃苦耐劳、精益求精的工匠精神。

4. 培养学生树立"绿水青山就是金山银山"的理念。

任务准备

※知识要点

一、苍溪雪梨的保花保果

苍溪雪梨是多花的果树，一株 10 年生的正常植株，每年有花序 2 000～3 000 个，单花 15 000～2 000 朵。一株梨树经落花、落果后，最后收获的仅有 300～500 个果实，坐果率仅为 2%～2.5%，如果遭受寒潮、阴雨、沙尘，以及与授粉品种花期不遇、花粉不良等情况，其坐果率则更低。为了提高花的质量，克服不利因素，提高坐果率，保证产量，必须做好保花保果措施。

保花保果的主要措施有增强树体营养、人工辅助授粉、果园放蜂、花期喷硼等。

（一）增强树体营养

从梨芽萌动到生理落果，树体营养分配中心由根转化为花和幼果。在此阶段，应注重春灌，提高地温，加速基肥的分解和运输，提升花和幼果的质量。花期配合根外追肥和谢花后的病虫防治等措施，有利于花粉发芽和花粉管的伸长，从而促进授粉受精和坐果。谢花后，喷 1 000 倍的苯醚甲环唑、3 000 倍的阿立卡，以及 0.2% 的硼肥，既可防治梨茎蜂、梨蚜、白粉病、梨黑星病，又为幼果、枝叶生长发育补充了营养，提高了花果质量，从而减少落果。

（二）人工辅助授粉

在苍溪雪梨初花期前1~2天，采集授粉品种的铃铛花，用手搓揉或用机械的方法先去除花丝、花瓣和杂质等，留下花药待取花粉。一般0.5千克的梨花有1 800~1 900朵花，可采取37.4~40.6克花药。一般采1千克花药要采13千克花朵。

将取出的花药均匀摊置于清洁光滑的白纸上，平放于瓷盘或竹器上，用透明的薄膜或白纸盖好，放置在电灯光或阳光下照射，使其温度保持在23℃~30℃和相对温度50%~70%下。温度不能太高，否则会烫死花粉。当花药全部散出灰黄色的花粉时，即可将花粉装于消毒的小玻璃瓶内备用，花粉应保持干燥，切忌受潮。爆取花粉时，如遇阴雨天气，可采取在室内升温或用简易温箱或恒温箱和干燥器等方法取粉（图5-1-1）。花粉最好是随采、随干、随用。

采花朵　　　　　　　取花药　　　　　　　取花粉

图5-1-1　花粉采集

授粉应于盛花初期进行，在晴朗无风的天气时进行最好。一天内授粉的时间以晴天上午9时至下午4时为最好。

授粉的方法是用橡皮笔、毛笔或棉球笔蘸粉后，在花朵的柱头上轻轻接触（图5-1-2）。为了提高授粉质量，可以在笔接触柱头时轻微转动15至20度。授粉大致的原则是：花量多的树少授，花量少的树多授，强枝多授，弱枝少授。多花树每10个花序授4~5个，每花序授2~3朵花。少花树每10个花序授5~6个，每个花序授2~3朵。每蘸一次花粉，可授8~10朵花。在正常情况下，初花期授粉优于盛花期，盛花期优于末花期。就单花而言，对当天开放的花授粉，优于开花后 2~3 天授粉，而开花后 4~5 天授粉，其坐果率只有 50% 左右。

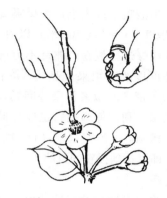

图 5-1-2　人工授粉

　　为了提高授粉效率，可采用机械喷粉和液体授粉的方式。具体方法是把花粉加入 200~300 倍的蔗糖，用喷粉机进行喷粉（图 5-1-3）。液体授粉配方为：100 毫克纯花粉，兑 10 千克水、1 千克蔗糖和 20 克硼酸，液体混合后应在 2 小时内喷完。

图 5-1-3　喷雾授粉法

（三）果园放蜂

　　蜜蜂是传播花粉最理想的媒介，每桶蜜蜂可解决 300~500

株梨园的授粉问题。对无蜂的梨园可进行诱蜂授粉。方法是：在初花期，取雪梨及授粉品种的花药各 0.25 千克放入清洁的容器中，捣烂并加三倍的清水和 10% 的白糖或蜂蜜，浸泡六小时后滤去残渣，将浸出液喷于蜂巢上，蜜蜂吸食后即直飞梨园采蜜，此法可引 10 华里（1 华里＝500 米）以内的蜜蜂入园授粉。

梨园也可引进熊蜂进行授粉。熊蜂不但可以大大地提高产量，更为重要的是可以改善梨果实品质，降低畸形果的比率，解决应用化学授粉所带来的激素污染等问题，因此，熊蜂成为梨树授粉的理想昆虫，利用熊蜂授粉也成为世界公认的绿色食品生产的一项重要措施。一般每公顷（1 公顷＝10 000 平方米）放熊蜂 6 箱左右，即可达到授粉的目的。

（四）花期喷硼

硼有促进花粉管萌发伸长的特殊功效，可解决花而不实的问题。在雪梨花期喷 0.2%～0.3% 的硼砂或硼酸，能有效促进坐果。还可用九二零、磷酸二氢钾等微肥、激素保果。

二、黄金梨的保花保果

黄金梨自花授粉可以坐果，但果实小，品质差，最好进行人工授粉或蜜蜂授粉。授粉树或人工授粉可用新高、二十世纪等沙梨系品种的花粉，也可用白梨系品种的花粉。人工授粉最好在第一批边花开放时抢时间进行。疏果应在坐果后半月内完成。每花序只留 1 果，腋花芽果应全部疏除。要保证叶果比为40∶1，果间距为 25～30 厘米，亩产量控制在 2 500 千克以内。

※工具与材料准备

1. 工具：手套、果梯、喷雾器。

2. 材料：花粉、硼肥。

人工授粉实习
果园放蜂调查

一、任务安排

班内分组，以小组为单位，到梨博园开展人工授粉实习，到江南梨园开展果园放蜂调查。

二、任务要求

（1）苍溪雪梨人工授粉实习：组织学生到梨博园开展人工授粉和花期喷硼实习，掌握花粉采集与人工授粉等基本技能。

（2）苍溪雪梨果园放蜂调查：组织学生到苍溪江南梨园开展果园放蜂调查。

（3）问题处理：每个学生根据实习情况做好总结，并形成实习报告。

思考与练习

1. 简述苍溪雪梨人工授粉的方法。

2. 如何开展果园放蜂？

3. 如何实施花期喷硼？

考核评价

老师对学生的实习情况和调查报告完成情况进行评价。考核评价表如表5-1-1所示。

表 5-1-1　考核评价表

考核项目	内容	分值/分	得分
实习和调查完成情况（以小组为单位考核）（50）	苍溪雪梨人工授粉	30	
	苍溪雪梨花期喷硼	10	
	果园放蜂调查	10	
学习成效（25）	拓展作业	5	
	记录表册的规范性	5	
	实习小结	5	
	实习总结	5	
	小组总结	5	
思想素质（25）	安全规范生产（是否严格遵守操作规程）	5	
	纪律出勤	5	
	劳动态度（着装规范、爱护工具、不损坏果木及其他作物、认真清扫场地）	5	
	团结协作	5	
	创新思维能力（主动发现问题、解决问题的能力）	5	
合计		100	
评价人员签字	1. 任课教师： 2. 实习指导教师： 3. 专业带头人： 4. 园区（企业或行业）技术员：		

　　备注：严禁采摘、损坏园区产品及财物，如有损毁，视情节和态度扣除个人成绩 20~40 分，同时扣除其同组成员的安全生产及团结协作成绩。情节严重的将按照相关处理办法进行违纪处理。

任务二　疏花、疏果与果实套袋

※知识目标

1. 掌握苍溪雪梨疏蕾、疏花的基本知识。

2. 掌握苍溪雪梨疏果与果实套袋的基本知识。

能力目标

1. 具备苍溪雪梨疏蕾、疏花、疏果的基本能力。

2. 具备苍溪雪梨果实套袋的基本能力。

※素质目标

1. 培养学生热爱家乡的情怀，树立振兴苍溪梨产业的志向。

2. 培养学生热爱"三农"的情怀，树立学生服务"三农"的责任感。

3. 培养学生安全生产、吃苦耐劳、精益求精的工匠精神。

4. 培养学生树立"绿水青山就是金山银山"的理念。

任务准备

※知识要点

一、苍溪雪梨的疏花、疏果

苍溪雪梨花量特别大，其中有不少的无效花和质量差的花，这些花对营养消耗很大，从而导致生长和结果失调。因此，要在花蕾期和初花期进行适当的疏蕾、疏花。

疏花蕾应疏花序中央的小花蕾，每花序疏去花蕾3~4个为宜。疏花分为疏花序和疏花朵两种，而以疏花序较为简便。疏花量的大小要根据树龄、树势、肥料和授粉条件而定。

疏花宜疏弱留强，疏长、中果枝的顶花芽，留短果枝的顶花芽；疏腋花芽留顶花芽；疏密留稀；疏外部花留内部花，但对于树冠顶部和强壮直立大中枝条，为了削弱其长势，可以不疏花或少疏花，从而达到以果压枝的效果。就一个花序而言，应疏花序中央的小花，保留边花。

1. 疏果的依据

高产优质、年年结果的健壮树，必须保持一定的枝果比（营养枝与果实的比例）或叶果比（叶与果实的比例）。强树强枝（叶）果比可适当降低，弱树枝则要适当提高。因此，疏果主要是根据树势的强弱、开花结果的多少及树龄的大小等，按一定的枝（叶）果比例，合理进行疏果，苍溪雪梨的叶果比以35∶1到50∶1为宜，即每35~50片叶留1个果为宜，强壮枝1~2个花序留1个果；弱枝基部按1~3个花序留1个果，尖端部分全部疏除；短果枝隔1留1（每隔1个枝留1个果）。

疏果是使果实在树体上按具体情况合理地分布。树体和枝梢上留果的多少，关乎花芽分化和翌年果实产量的多少，并直接影响当年的树势和果实的产量及质量。所以，正确合理地进行疏果，是苍溪雪梨增产优质极其重要的措施。疏果的具体做法，应以树体和各个骨干枝实际能结果实的能力而定。弱树果多疏、早疏、狠疏，旺树果晚疏少疏；内膛弱枝多疏少留，外围强枝多留少疏；做到疏小果留大果；留好果，疏病虫、伤果、畸形果，留边果，疏心果，留距离骨干枝近的果，疏距离骨干枝远的果。疏果要恰当，不要过多也不要过少。

2. 疏果时期

疏果分两个时期进行。第一次是首次生理落果后果实坐果稳定时，将弱果、小果、畸形果、密生果等疏除。留果数量为定果数量的2~2.5倍。第二次是在最后一次生理落果（5月中旬左右）进行。第二次疏果实际也是看树疏果，主要是疏去病虫危害果、特小果和畸形果等。疏果时间太晚会使果实产量和质量受到影响。故疏果不如疏花，疏花不如疏蕾，蕾、花、果越早疏除，越有利。

二、苍溪雪梨的果实套袋与果面洁净度提高

（一）果实套袋

苍溪雪梨因果实含糖量高，虫鸟喜食而被害严重，同时果实大，果柄细长而脆，抗风力弱，八级以上的风使果易受害，引起落果，影响产量和经济效益。为避其害，常于7月下旬到8月中旬采果，导致大大降低了果实的产量和质量。早采果皮粗，色暗无光，果形小，肉质粗糙，汁少不化渣，无香气，风味淡，含糖量低和可溶性固形物低（仅7%～8%），从而使名特水果这一声誉大为下降，对生产发展十分不利。

为了防止虫、鸟、风害，避免恶性早采，以提高苍溪雪梨的产量和品质，多年来，梨产区的果农推广了套袋保果的方法，效果甚好。对果实进行套袋，不仅起到了防风、防病虫和提高优果率的作用，而且可增产增质（值），同时还起到了留树保鲜、延迟采收期和鲜果供应的重要作用。只要加强综合管理，被套袋的雪梨植株可年年丰产。

果实套袋的具体方法如下：

（1）套袋材料的选择。雪梨套袋保果在苍溪已有悠久历史，新中国成立前已开始实施，只是面窄量小而已。20世纪70年代苍溪以棕片为材料进行套袋，80年代开始用塑料袋，比棕片效果更好，且成本低。随着科学的发展，近年来又广泛推广白色单层木浆纸袋，其效果比塑料袋更好，成本更低。

（2）套袋时期。套袋适期应在灾害之前。经试验观察，以7月下旬到8月上中旬为宜，如套袋过早，正值果实第二次生长高峰期，有碍果实膨大，同时易遭高温烧伤，套袋过晚，防风、虫、鸟，特别是吸果夜蛾的作用差。套袋时期还需根据当地具体情况而定，年均气温高的地区可适当提早，年均气温低的地区可适当延迟。

（3）套袋前的准备。据观察，7月中旬和下旬是雪梨小食心虫、吸果夜蛾等交叉危害雪梨果实的时期，应在果实套袋前先将这些害虫进行灭杀或控制，避免套果后果实在袋内遭受危害而使果实套袋失去意义。因而在果实套袋前10~15天，连续交叉喷2次3 000倍液的阿立卡或2 000倍的阿维菌素或2 000倍高效氯氰菊酯加10%的苯醚甲环唑1 500倍液，把危害果实的害虫消灭在套果之前。同时备好套袋所需的果袋、果梯，特别要准备好所需的木浆纸袋、细绳等材料。

（4）套袋步骤：选择果实形状好，无病虫的大、中型果，将备好的果袋开口，轻轻将果实装入袋中，再把袋口扎实地束缚于果枝上。木浆纸袋有一定孔隙，不会影响果实的正常光照，也不会使果实因氧气不足而导致无氧呼吸（图5-2-1）。

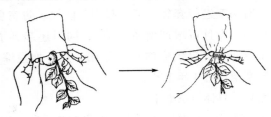

图5-2-1　果实套袋

（5）套袋后的管理。果实套袋后，要常检查，如纸袋脱落或撕裂，应及时更换。若遇风灾必须逐株、逐果检查，发现被风吹落的果实，立即从袋内取出处理，被风吹坏了纸袋，要重新更换。

（6）除袋。苍溪雪梨套袋后，一般在果实采收后预贮时才取下袋子。

（二）提高果面洁净度

苍溪雪梨果面洁净度直接影响果实的外观与品质。在生产上，农药、气候、降雨、病虫危害、机械损伤等，常造成果面出现裂口、锈斑、煤烟黑、果皮粗糙等现象，多发的年份会严重影响果实的商品价值，造成经济效益下降。目前，提高果面洁净度的措施有：一是果实套袋。果实套袋使果实完全处于被保护状态，能有效地提高果面的光洁度。套袋时，注意选择柔软的木浆纸袋，并在套前软化好。二是合理使用农药。农药使用的时期与浓度不当，会造成果锈、果斑加重。三是加强植物保护，防止吸果夜蛾、蜡象等危害。四是在采摘前 20 天用果蔬钙肥喷雾，可以使果面光洁。

三、黄金梨果实套袋

黄金梨必须进行套袋栽培，否则果皮粗糙难看。将经过疏果后留定的果实，一个不漏地全部套上标准较高的双层纸袋。目前应用较成功的是日本小林袋。套袋时间越早越好，尽可能减少外界对果实的刺激。采收前 10 天左右，将袋的底部撕开，果面可变成金黄色，还可减轻果实贮藏期的失水皱皮现象。

※工具与材料准备

1. 工具：手套、果梯、喷雾器。

2. 材料：果袋、清水、农药、花粉、硼肥。

任务实施

苍溪雪梨花果管理实习

一、任务安排

班内分组，以小组为单位，在智慧果园开展苍溪雪梨疏蕾、疏花、疏果与果实套袋实习。

二、任务要求

（1）苍溪雪梨疏蕾、疏花实习：组织学生在智慧果园参加苍溪雪梨疏蕾、疏花实习，重点掌握疏蕾、疏花的基本技能。

（2）苍溪雪梨疏果与套袋实习：组织学生在智慧果园参加苍溪雪梨疏果与套袋实习，重点掌握梨园疏果与套袋的基本技能。

（3）问题处理：每个学生根据实习情况做好总结，并形成实习报告。

思考与练习

1. 苍溪雪梨的疏蕾、疏花时期有哪些？怎样进行疏蕾与疏花？
2. 怎样进行苍溪雪梨的疏果、套袋？
3. 苍溪雪梨套袋前，如何防治病虫？

考核评价

老师对学生的实习情况和调查报告完成情况进行评价。考核评价表如表5-2-1所示。

表5-2-1 考核评价表

考核项目	内容	分值/分	得分
实习完成情况（以小组为单位考核）（50）	苍溪雪梨疏蕾、疏花	20	
	苍溪雪梨疏果与果实套袋	30	

表5-2-1(续)

考核项目	内容	分值/分	得分
学习成效（25）	拓展作业	5	
	记录表册的规范性	5	
	实习小结	5	
	实习总结	5	
	小组总结	5	
思想素质（25）	安全规范生产（是否严格遵守操作规程）	5	
	纪律出勤	5	
	劳动态度（着装规范、爱护工具、不损坏果木及其他作物、认真清扫场地）	5	
	团结协作	5	
	创新思维能力（主动发现问题、解决问题的能力）	5	
合计		100	
评价人员签字	1. 任课教师： 2. 实习指导教师： 3. 专业带头人： 4. 园区（企业或行业）技术员：		

备注：严禁采摘、损坏园区产品及财物，如有损毁，视情节和态度扣除个人成绩20~40分，小组成员同时扣除其同组成员的安全生产及团结协作成绩，情节严重的将按照相关处理办法进行违纪处理。

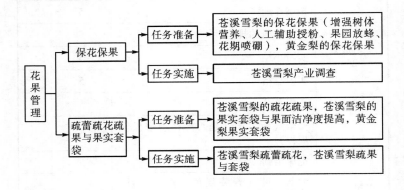

一、填空题

1. 苍溪雪梨坐果率仅为_____。

2. 苍溪雪梨保花保果的主要措施有_____、_____、_____、_____等。

3. 苍溪雪梨人工辅助授粉，在初花期前1~2天，采集授粉品种的_____，去除花丝、花瓣和杂质等，留下花药待取花粉。

4. 苍溪雪梨一般采1千克花药要采_____千克花朵。

5. 苍溪雪梨散粉的适宜条件是其温度保持在_____和相对温度_____。

6. 苍溪雪梨一天内授粉的时间以晴天_____为最好。

7. 为了提高授粉效率，苍溪雪梨人工授粉可采用_____和_____。

8. 蜜蜂是传播花粉最理想的媒介，每桶蜜蜂可解决

_____株梨园的授粉问题。

9. 一般每公顷果园放熊蜂_____左右，即可达到授粉目的。

10. 在苍溪雪梨花期喷_____的硼砂或硼酸，能有效促进坐果。

11. 苍溪雪梨的叶果比以_____到_____为宜。

12. 黄金梨要保证叶果比为_____，果间距为 25~30 厘米，亩产量控制在 2 500 千克以内。

13. 黄金梨疏花蕾应疏花序_____的花蕾，每花序疏去花蕾 3~4 个为宜。

14. 苍溪雪梨疏果分两个时期进行，第一次是在_____ _____时进行，第二次是在_____时进行。

15. 苍溪雪梨套袋多采用_____，效果好，成本低。

16. 苍溪雪梨套袋时期，一般以_____为适。

17. 提高苍溪雪梨果面洁净度的措施有：_____、_____、防止_____、_____等危害、采摘前 20 天喷施_____。

18. 黄金梨套袋目前多选用的是_____。

19. 黄金梨套袋时间越早越好，采收前_____左右将袋的底部撕开，果面可变成金黄色，还可减轻果实贮藏期的失水皱皮现象。

二、判断题

1. 苍溪雪梨授粉应于盛花初期进行，在晴朗无风的天气时进行最好。   （ ）

2. 熊蜂是梨树授粉的理想昆虫，利用熊蜂授粉也成为世界公认的绿色食品生产的一项重要措施。   （ ）

3. 苍溪雪梨第一次疏果是首次生理落果后果实坐果稳定时，

留果数量为定果数量的 2~2.5 倍。 （　　）

4. 黄金梨自花授粉可以坐果，不必进行人工授粉或蜜蜂授粉。
（　　）

5. 黄金梨每花序只留 1 果，腋花芽果应全部疏除。（　　）

6. 疏果不如疏花，疏花不如疏蕾，蕾、花、果越早疏除，越有利。　　　　　　　　　　　　　　　　　　　　　　　（　　）

三、简答题

1. 黄金梨疏花、疏果的技术要领有哪些?

2. 苍溪雪梨果实套袋的技术要领有哪些?

情景六 整形修剪

情景目标

本情景主要学习梨树自由纺锤形、疏散分层形、开心形等常见树形的整形方法，短截、回缩、疏枝、缓放、刻芽、抹芽、拉枝、扭梢、摘心等梨树修剪的基本方法，不同类型梨树的整形修剪方法及梨树高接换种方法。本情景的理论讲解与实训练习，帮助学生培养热爱农业、热爱家乡的情怀，树立服务"三农"、振兴家乡的责任感及树立振兴苍溪梨产业的志向；帮助学生树立降碳环保、绿色发展、协调发展的意识和吃苦耐劳、精益求精的工匠精神。

任务一 梨树整形技术

任务目标

※知识目标

1. 掌握苍溪雪梨自由纺锤形树形的特点和整形方法等基本知识。

2. 掌握苍溪雪梨疏散分层形树形的特点和整形方法等基本

知识。

3. 掌握苍溪雪梨开心形等树形的特点和整形方法等基本知识。

※能力目标

1. 具备开展苍溪雪梨自由纺锤形整形的基本能力。

2. 具备开展苍溪雪梨疏散分层形整形的基本能力。

3. 具备开展苍溪雪梨开心形整形的基本能力。

※素质目标

1. 培养学生热爱家乡的情怀，帮助学生树立振兴苍溪梨产业的志向。

2. 培养学生热爱"三农"的情怀，帮助学生树立学生服务"三农"的责任感。

3. 培养学生安全生产、吃苦耐劳、精益求精的工匠精神。

4. 培养学生树立"绿水青山就是金山银山"的理念。

任务准备

※知识要点

修剪是指对乔灌木的某些器官，如芽、干、枝、叶、花、果、根等进行修剪、疏除或其他处理的具体操作。整形是指为提高园林植物的观赏价值，按其习性或人为意愿而修整成为各种优美的形状与树姿。修剪是手段，整形是目的，两者紧密相关。整形修剪主要有以下目的：控制乔灌木生长势头；促使乔灌木多开花结果；保证乔灌木的健康成长；创造各种艺术造型；预防和减少病虫害的发生。可以按"冬促、秋缓、夏抑控"的要求，先观树体，决定去留，看枝修剪，交替更新。在果树不同年龄时期，修剪侧重点各有不同。

果树栽培上，树形多以矮、密、早、丰取代高、稀、晚、低。由于苍溪雪梨果体大，抗风能力弱，需人工辅助授粉，为了获得高产、方便管理，在栽培技术上也将其树体由高冠稀植向矮干密植改进。总之，理想的树形就是树冠紧凑、通风透光、枝叶分布均匀、内外结果、方便管理、高产质优、经济实效的丰产树形。

目前，苍溪雪梨主要采用的树形有自由纺锤形、疏散分层形、开心形等。

一、自由纺锤形

自由纺锤形的整形操作简单，修剪容易，主枝上不配侧枝，全部配置发育枝，早实性好，是苍溪雪梨近几年大力推广的一种树形（图6-1-1）。树高250~300厘米，主干高60~80厘米。中心干上螺旋着生15~20个主枝，粗度小于主干粗度的1/2，间隔10~15厘米，主枝基角90°~100°，均匀伸向各方向，同方向主枝间距80厘米。主枝上着生结果枝组，粗度小于主枝的1/3。

（一）自由纺锤形树形的主要优点

1. 有利于树势控制，有利于短果枝群形成，有利于高产优质

在整个整形过程中，苍溪雪梨自由纺锤形树形修剪的宗旨始终是疏除强旺枝、竞争枝。苍溪雪梨树主枝数量多达15~20个，短果枝形成较早，整个树体枝量大，生长点多，养分分散，树势得到控制，结果后很少形成徒长枝，利于花芽形成，利于结果，且呈柱形结果状，利于产量和品质的提高。

在将苍溪雪梨果树修整为自由纺锤形的过程中，果树始终保持着较多枝条，其不易形成徒长枝，枝条上的芽萌发后，极易形成短果枝。短果枝结果后，由于徒长枝少，其他枝条长势也不强，其果苔副梢易继续形成短果枝，这样就会形成有利于结果的短果枝群。

图 6-1-1　自由纺锤形

2. 枝条分支级数少，枝条从属关系明确

自由纺锤形树形是在中心干上着生主枝、辅养枝，在主枝、辅养枝上着生结果母枝，或在副主枝上着生结果母枝，故其分支级数少，利于养分的输送、利用。

在将果树修剪为自由纺锤形树形的过程中，其原则始终是疏除旺长枝、竞争枝，且相邻主枝、副主枝均保持 10 厘米以上的距离，以确保不会出现后一级枝条强于上一级枝条的现象，也不会出现"卡脖子"现象。

3. 光合作用效率高，方便进行果树的病虫害防治

自由纺锤形的梨树基本无骑生枝，无穿膛枝，不会出现上面枝叶严重遮挡下部枝叶光照的现象。并且梨树的相邻主枝间距合理，相邻枝条叶片相互遮光现象也得到改善。树与树之间的交叉重叠现象也得到有力解决，故自由纺锤形的梨树光能利用率高，叶片光合作用效率也高。同时，其病虫害发生也相对

较轻，且易于用药防治。

4. 整形修剪方法简单，用工少

自由纺锤形整形的中心思想就是注意主枝的排列分布与长势，疏除位置不当枝、长势强旺枝、竞争枝即可。自由纺锤形的梨树的绝大部分枝干均是缓放，其短截量少，疏枝少，整棵梨树修剪量也少，故用工少。

（二）自由纺锤形树形的整形方法

1. 定干

苗木定植后，在 80～100 厘米处定干，春季萌芽前在 60 厘米以上处刻芽增加枝量。（注意：相邻刻芽要错位排列，一般刻芽位置在水平方向上呈 90°～180°，一定不能在同一方向，否则会严重影响光照。）在定干后的夏、秋季节，需要对除中心干延长枝以外的枝采用撑、拉、吊、扭、拿等办法来开张枝梢角度，其中最好的办法是采用枝梢半木质化时扭梢、拿梢开角，这样既节省劳动力，又有利于枝梢养分的贮存。尽量确保主枝与中心干呈 90°～100°。要及时疏除位置过分重叠或枝间距过小，同级枝序上长势过于强旺的枝。

2. 第一年冬剪

定植后第一年冬季修剪的中心工作是整形，此次修剪主要是疏除干上 60 厘米以下的枝条，在余下枝条中选 3～4 根做主枝，相邻主枝要错位排列（在同水平面上夹角为 90°～180°），将主枝的间距控制在 10～15 厘米，以免影响光照。（注意：如主枝的位置不好，则全疏除，重新培养主枝。）

在中心干上除主枝以外的其余枝条中选取 2～3 个中庸枝作辅养枝，另外，必须疏除长势过于强旺的枝条，尤其与中心干粗度相近的竞争枝。

留下的无论是主枝还是辅养枝，均不采取短截，让其自由生长，以缓和长势。但需在中心干延长头的 50～60 厘米处进行短截，促进其延长生长。

3. 第二年夏剪

第二年夏季修剪的中心工作是培养主枝和缓和已有主枝的长势。采用撑、拉、吊等方法，对现有主枝、辅养枝进行开张角度的处理，角度一般在90度以上。同时在果树的主、侧枝上刻侧芽，增加枝量。相邻刻芽间距10~15厘米。

在5月中旬到下旬，应疏除主枝长出的背上旺枝，同时疏除过密的新梢。其余的新梢采用扭、拿或摘心的办法缓和其长势。

秋季对中心干上发生的新梢采用扭、拿的办法软化，使之趋于水平，以缓和长势。

4. 第二年冬剪

第二年冬季修剪的核心是培养树形，缓和树势。

在中心干上再选留2根主枝和1~2根辅养枝，使其相邻枝在水平方向上不重叠。另外，需将中心干上新着生的强旺枝、竞争枝全部疏除。

对于留下的枝条，除中心干延长头外全部缓放，不短截，在中心干延长头留50厘米进行短截，以保证其较强旺的长势。

疏除主枝上过旺的一年生新枝，尤其是骑生枝、竞争枝。

5. 第三年冬剪与夏剪

第三年的冬剪、夏剪操作与第二年基本相同。其工作的中心内容主要是平衡树势，增加枝量，扩大树冠，注意要及时疏除枝序上的竞争枝。

6. 四到五年后修剪

四到五年后，主枝达15~20根，树形基本成形时，中心干延长头不短截，进行缓放。

二、疏散分层形

（一）疏散分层形树形的特点

疏散分层形又叫主干疏散形，适于土层深厚、土质肥沃的稀植大树（图6-1-2）。

图6-1-2　疏散分层形

这种树形的梨树主干、主枝占优势地位，骨架牢固，成形后树形稳固，寿命长，能负荷较大的产量，是生产上较理想的丰产树形。其修剪方法简单、造型容易，形成树冠快，结果早，是苍溪雪梨应用最广泛的树形。

疏散分层形果树的树干高一般为50~70厘米。全树有主枝5~6根，分2~3层。第一层3根主枝邻接或邻近，相距20~40厘米；主枝基角为60°~70°。第二层有1~2根主枝，分布主要是插第一层主枝的空档。第三层有1~2根主枝。第一层主枝（第三主枝）距第二层主枝（第四主枝）的层间距为120~150厘米，第二层距第三层60~70厘米。基部三层主枝各配备侧枝2~3根，第一侧枝距主枝基部60~70厘米，第二侧枝距第一侧枝50厘米，并着生在第一侧枝对面，上层主枝可配备1根侧枝或不配备侧枝。树高应控制在400~500厘米，冠径应控制在5~6米。

（二）疏散分层形树形的整形

疏散分层形果树从定干开始，大约需5~6年完成整个树形的塑形。

1. 定干

幼树定植后，在主干60~80厘米处，在充实的芽眼上部短剪定干，待新梢抽发2~4厘米时，选相邻错位、生长健壮的6~7根新梢作为中心干枝和主枝进行培养。除留好最顶端的中心干外，应重点选留3根新梢作为第一层主枝来培养，针对其余新梢，摘心处理，控制其生长，将其作为辅养枝来培养。

2. 当年冬剪

修剪时，对留下枝条的处理需视其长势强弱而定。第一年冬季修剪时，如培养的三大主枝的生长部位、角度、枝的长度、粗度均达到主枝的要求的，则在其50~60厘米处进行剪切。一般强枝稍重，弱枝稍轻，促发侧枝。剪口的芽均留背芽及侧芽，方向或左或右，从而避免主枝的侧枝碰头，影响光照。

若留下的主枝不符合标准，可采用短截复壮的办法使其达到标准时再选留主枝。若基部主枝的数目达不到预期的要求，可在中心枝干上选择部位和方向适宜的壮芽处进行重剪，促生强壮枝以弥补主枝的不足。同时在中心干最后一根主枝上100~120厘米处进行剪截，剪口面的第二芽的方位应在基层主枝之间插空选留，拟作第四主枝，避免主枝重叠而阻碍光照。对于主干上着生的叶丛枝或其他类型的枝，应有计划、有步骤地将其培养成结果枝或大、中、小结果枝组，充实树冠内膛。

3. 第二年修剪

在正常情况下，中心干枝应于第四枝上20~30厘米处剪切，剪口下的第二芽方位，选留于第四主枝的对侧或插于基部主枝之间,拟作第五主枝。基部第三主枝的延长,从第一侧枝的上端 30~50 厘米处剪截,剪口下面的第二芽基方位应与第一主枝对称,若主枝的延长枝生长较弱,达不到标准的,则从壮芽处重剪,复壮后再选留的原则,基本上与基层侧枝的选留相同。

对于主、侧枝上的辅养枝,在不妨碍整形的原则上,不能随意疏除。缓放是在出现花芽时,再适当有目的地进行剪切,将其培养成不同类型的枝组。对于干扰树形的徒长枝和竞争枝,则应及时疏剪。能改造成结果枝、结果枝组的枝应尽量利用,不能利用的则及早疏除。如有瘦弱的中央领导干的延长枝仍用重剪留壮芽的方法对其进行复壮。

4. 第三年修剪

中央领导干的长度,应视植株预留主枝的多少而定。树冠拟作五大主枝的,即于 5 月下旬至 6 月上旬在第五根主枝的上端 2~3 厘米处将主干进行环剥,抑制顶端生长,从而促进第四、第五主枝的生长;若树冠拟作 6~7 根主枝培养,则于第五枝上端 70~80 厘米处选留 3~5 个健壮的芽进行剪切。当新梢抽发 10~20 厘米时,再选两根位于下层主枝之间壮枝,拟作最后两根主枝的延长头,再将其余的枝进行摘心,控制成辅养枝,进而培养成结果枝或结果枝组。中央领导干结果 2~3 年后要及时进行落实处理,各层主枝延长枝,按第一、二年类似的枝条处理,以此类推,经过 5~6 年的整形培养,梨树可达到 5~7 根主枝的标准,即形成疏散分层形树形。

三、开心形

开心形树形(图 6-1-3)也是苍溪雪梨常见的树形之一。开心形树形造型方法简单易掌握,树体结构合理而不易散乱,通风良好不易郁闭,结果早而均匀。此树形共分三至四大主枝,主枝分布均匀,互相对称,无中心干,故称开心形。

图 6-1-3　开心形

　　雪梨幼苗定植后，于主干上 40～60 厘米处选留健壮饱满的芽 5～7 个进行剪切定干。新梢长度达到 10～20 厘米时，选择相对的健壮枝梢三至四根，作为主枝来培养，将其余的枝梢进行摘心，培养为辅养枝。

　　第二年在主枝延长枝 15～20 厘米饱满芽处进行剪切，剪口芽下面的第一芽的方向选留外芽。

　　第三年主枝的延长枝从第二个主枝的上部 25～30 厘米处选择饱满芽进行剪切，继续保持主枝向外生长，角度控制在 4～60 厘米。针对非主枝的其他的新梢，进行摘心处理，将其逐步培养成结果枝或结果枝组。

　　第四年，在第三个主枝上端 25～30 厘米处仍选 3～5 个壮芽的部位进行剪切，剪口芽仍作为主干的延长枝，其他的枝按第二、第三年的办法处理。除主枝长枝外，非主枝性的枝仍用摘心的办法进行控制，将其培养成结果枝或辅养枝。如此处理，一般5～6 年即可形成较理想的十字形的丰产树形。

　　开心形树形各主侧枝和主侧枝上着生的各类枝序的修剪方

法，原则上与疏散分层形树形的整枝程序相同。

　　※工具与材料准备

　　1. 调查用具：笔记本、笔、电脑或智能手机。

　　2. 修剪工具：枝剪、手锯。

任务实施

苍溪雪梨树形及整形方法调查

苍溪雪梨自由纺锤形整形实习

　　1. 任务安排

　　班内分组，以小组为单位，组织学生到梨博园、猕韵农庄开展苍溪雪梨树形及整形方法调查；组织学生到智慧果园开展苍溪雪梨自由纺锤形整形实习。

　　2. 任务要求

　　（1）苍溪雪梨整形实习：组织学生参观梨博园、猕韵农庄的梨园，学习了解苍溪雪梨三种主要树形的基本特点和整形要点。

　　（2）苍溪雪梨整形实习：组织学生在智慧果园开展苍溪雪梨树形整形实习，重点掌握自由纺锤形树形整形的基本技能。

　　（3）问题处理：每个学生根据自身的实习情况做好总结，并完成实习报告。

思考与练习

　　1. 简述苍溪雪梨树形选择的发展方向。

　　2. 苍溪雪梨自由纺锤形树形的主要优点有哪些？

　　3. 简述苍溪雪梨自由纺锤形树形的整形过程。

　　4. 简述苍溪雪梨疏散分层形树形的整形过程。

　　5. 简述苍溪雪梨开心形树形的整形过程。

考核评价

老师对学生的实习情况和调查报告完成情况进行评价。考核评价表如表 6-1-1 所示。

表 6-1-1　考核评价表

考核项目	内容	分值/分	得分
调查与实习完成情况（以小组为单位考核）（50）	苍溪雪梨自由纺锤形整形方法调查	10	
	苍溪雪梨疏散分层形整形方法调查	10	
	苍溪雪梨开心形整形方法调查	10	
	苍溪雪梨自由纺锤形整形实习	20	
学习成效（25）	拓展作业	5	
	记录表册的规范性	5	
	实习小结	5	
	实习总结	5	
	小组总结	5	
思想素质（25）	安全规范生产（是否严格遵守操作规程）	5	
	纪律出勤	5	
	劳动态度（着装规范、爱护工具、不损坏果木及其他作物、认真清扫场地）	5	
	团结协作	5	
	创新思维（主动发现问题、解决问题）	5	
合计		100	

表6-1-1(续)

考核项目	内容	分值/分	得分
评价人员 签字	1. 任课教师： 2. 实习指导教师： 3. 专业带头人： 4. 园区（企业或行业）技术员：		

备注：严禁采摘、损坏园区产品及财物。如有损毁，视情节和态度扣除个人成绩 20~40 分，同时扣除其同组成员的安全生产及团结协作成绩，情节严重将按照相关处理办法进行违纪处理。

任务二　梨树修剪方法

任务目标

※知识目标

1. 掌握苍溪雪梨短截、回缩、疏枝、缓放、刻芽、抹芽、拉枝、扭梢、摘心等修剪的基本方法。

2. 掌握苍溪雪梨夏季修剪和冬季修剪的基本方法。

※能力目标

1. 能正确选择与使用短截、回缩、疏枝、缓放、刻芽、抹芽、拉枝、扭梢、摘心等修剪方法。

2. 能正确使用夏季修剪和冬季修剪。

※素质目标

1. 培养学生热爱家乡的情怀，帮助学生树立振兴苍溪梨产业的志向。

2. 培养学生热爱"三农"的情怀，帮助学生树立服务"三农"的责任感。

3. 培养学生安全生产、吃苦耐劳、精益求精的工匠精神。

4. 培养学生树立"绿水青山就是金山银山"的理念。

※知识要点

一、苍溪雪梨树的修剪方法

（一）短截

短截又叫短剪，即剪去枝条的一部分。

1. 作用

（1）加强生长势。树枝进行短截后，可以促进枝条、枝组的生长。

（2）增加枝量。树枝进行短截后，树体将贮藏的养分集中供应给保留下的芽，使其萌生出更多的营养枝。

（3）改变枝延伸方向。短截是通过改变剪口下第一芽的方向来改变枝条生长方向。例如，里芽外蹬。

2. 类型

短截的分类见图6-2-1。

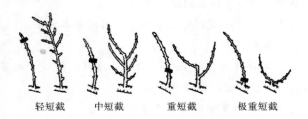

轻短截　　中短截　　　重短截　　　极重短截

图6-2-1　短截

（1）轻短截。

剪去枝条前部的1/5~1/4，即只剪去枝条顶端的数芽，叫作轻短截。

对梨树的营养枝进行短截后，一般其剪口下会萌发2~3根中庸枝，其下芽萌发后会形成较多的短枝。注意，细弱枝进行轻短截的作用不明显，背上直立旺枝进行轻剪，仍会萌发较旺的枝条。

（2）中短截。

在一年生枝的饱满芽处进行短截，即剪去枝条长度的1/3~1/2，叫作中短截。

中短截刺激枝条生长的作用较强。一般来说，剪口下会萌发2~4根较强的中长枝，其下萌发短枝。对中弱枝中进行短截，能较好地刺激生长。若对强旺枝进行短截，则会促使其生长更旺盛，较少形成短枝。

（3）重短截。

剪去枝条长度的1/2~2/3，叫作重短截。

枝条进行重短截后，一般剪口下会发生1~2根旺枝，其下很少萌发短枝，刺激生长的作用强。

（4）极重短截。

在一年生枝条基部留3~4个瘪芽进行短截，叫作极重短截。

枝条进行极重短截后，会在基部抽生两根较弱的分枝，或一强一弱。一定要谨慎运用极重短截法。

（二）回缩

将多年生枝剪去一部分叫作回缩（图6-2-2）。

图6-2-2　回缩（1为后部回缩，2为中部回缩，3为前部回缩）

1. 作用

（1）减少枝芽，使贮藏的有限养分能够集中供应。

（2）更新复壮。改变养分流通的方向和途径，使枝群中后部分枝得到较多养分，同时使隐芽萌发，从而达到更新复壮的作用。

（3）改变骨干枝或枝组的延伸方向，使树体骨架更牢固。

（4）控制枝叶交叉和重叠的问题，改善风光条件，恢复树体或枝组的生长势。

（5）培养结果枝组，促进花芽发育，使花芽充实饱满。

2. 类型

（1）前部回缩。

所留分枝半径大于剪口半径的，该分枝多为多年生枝前部回缩枝。

轻回缩对被剪枝的刺激作用小，能较好地促进剪口枝的生长和被剪枝的恢复。

（2）中部回缩。

所留分枝半径与剪口半径相近，该分枝多为多年生枝的中部回缩枝。

中部回缩可使剪口枝和被剪枝旺盛生长。但是，如果所留剪口枝过小，其后部又有生长较旺盛的枝条，则对后部旺枝的刺激作用较强，从而促使旺盛枝条生长更旺盛。

（3）后部回缩。

所留分枝半径小于剪口半径的，多为多年生枝的后部回缩枝。

由于后部回缩所留分枝多为较弱小的枝，所以后部回缩对所留枝的复壮作用不明显。但是由于后部回缩处理剪掉树体上大量的枝芽，对树体的削弱作用较大，且易使被剪枝发生大量徒长枝。

回缩操作时应注意：一是要保证回缩剪口后有足够的分枝；二是少用后部回缩；三是回缩处理后的树体不能出现枝条"打直拐"现象。

（三）疏枝

将一年生枝或多年生枝从基部疏除，叫作疏枝（图6-2-3）。

图6-2-3 疏枝

1. 作用

（1）减少枝芽，集中供应养分。

（2）对上位枝的生长有削弱作用，对下位枝的生长有增强作用。疏除枝越长，其作用越明显。

（3）改善通风透光的问题。疏除树体背上的旺枝，可以减小荫蔽面积，改善树体局部通风、透光。

（4）枝条分布均匀。疏除过密枝和乱生枝，可以使枝条的分布更加均匀。

（5）平衡树势。疏除弱枝可以减少养分的无效消耗，疏除旺枝、竞争枝，可以使树体养分集中结果与长树。

2. 注意

（1）疏枝要彻底，防止留下的枝桩再萌发无用新枝。

（2）锯口要平滑，并及时进行消毒保护。

（3）防止出现"对口伤""连口伤"和"满树伤"。

（4）疏枝要与品种、树龄、树体长势、土壤、养分供给以及管理水平相适应。

（四）缓放

对一年枝不剪不疏，任其生长的处理方式，叫作缓放。

1. 作用

（1）缓和树势，促进成花。缓放不剪的处理，使树体养分分散在多个芽上，有缓和枝条长势、促进营养枝成花的作用；斜生中庸枝缓放，结果多为顶芽继续延伸，其下发生中庸枝，再下形成较多的花芽；弱枝缓放，结果多为顶芽单轴延伸，其下形成大量花芽。

（2）促进枝条延伸。对树体背上的直立旺枝进行缓放处理，常常顶芽萌发旺枝，继续延伸，其下会萌发少量中长枝，再下萌发短枝。

（3）促使枝条增粗。将直立枝进行缓放处理，增粗作用十分明显。

2. 注意事项

（1）三种枝不宜进行缓放，即背上直立枝、徒长枝、竞争枝。

背上直立枝进行缓放，会越放越大，以致占据大量生长空间，从而影响整体的通风、透光；对徒长枝进行缓放，会使其多年难以成花；对竞争枝进行缓放，易造成竞争延续，在影响延长枝生长的同时，又影响整体树体的通风、透光。

（2）缓放要与短截结合应用，才能促进生长与结果。

（五）刻芽

春季萌芽前，在枝干上芽的上方刻一刀，深度达木质部，以促进其萌发抽枝，叫作刻芽（图6-2-4）。

梨树大多成枝力低，在其幼树整形时难以抽生足够的枝条，可以利用刻芽促发新枝。刻芽多在定植后整形时进行操作，既可在芽上进行，也可在短枝上进行，促进短枝抽发长枝。整形时，如果某一方向缺少新枝，也可利用刻芽来补充枝条，完善树体结构。

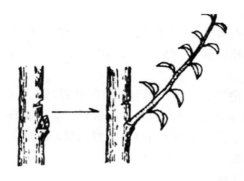

图 6-2-4　刻芽

（六）抹芽

枝干上的芽萌发后，及时将其抹除，叫作抹芽。

抹芽多用于定干、疏枝、短截时萌生的位置不当芽、多余芽的情况。

抹芽要及时，越早越能减少养分不必要的消耗。

（七）拉枝

用绳索将枝条拉弯，叫作拉枝（图 6-2-5）。

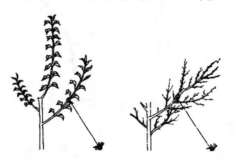

图 6-2-5　拉枝

拉枝改变了枝条的顶端优势，缓和了树势，促进了后部枝芽的萌发生长。拉枝常用于开张枝条角度，调整枝干延伸方向和促进成花。

拉枝是苍溪雪梨幼年枝整形的一项重要的技术措施。

还有撑枝、别枝、坠枝等技术措施，其效果与拉枝的效果几乎一样。

拉枝叶的注意事项：①梨树枝条硬脆，冬季拉枝易折断，夏季易从基部劈裂，秋季拉枝效果较好；②拉枝的绳索一般绑在被拉枝的前部；③绑缚时绳索不宜过紧，最好在着力点上再放一根小木棍，防止绳索伤枝。

（八）扭梢

扭梢，即将一年生未木质化新枝从基部进行扭转（图6-2-6）。其作用在于改变梨树的生长方向，破坏其疏导组织，使枝梢上制造的养分不能外运而只能供给本枝，从而有利于成花。

梨枝梢木质较脆，扭梢时易折断，所以扭梢宜早，且注意应轻扭慢转。

图6-2-6　扭梢

（九）摘心

在梨树的生长季节，摘去未停止生长的枝的顶端茎尖，即摘去生长点，叫摘心（图6-2-7）。摘心的作用是结束枝梢旺长的长势，促进枝条充实。摘心多用于幼树整形和果苔梢整形，以防止果苔副梢旺长与果争养分。

图 6-2-7　摘心

苍溪雪梨树摘心要注意把握时间，不能太早，否则摘心后还会抽生旺梢。一般中庸枝、旺枝在 7~10 片叶处摘心。

二、修剪时期

苍溪雪梨的整形修剪主要分为冬季和夏季两个时期。修剪要以冬季为主，夏季为辅，幼树以整形为主，结果树则以修剪为主。

（一）冬季修剪

冬季修剪又叫休眠期修剪，以在树体落叶后至春季树液流动前为宜，苍溪县苍溪雪梨树的冬季修剪一般以 12 月中旬和下旬至次年 2 月上旬和中旬为主。

冬季修剪以修剪老衰瘦弱树为主，采取后部回缩，修剪大枝（包括中心）促使枝组更新，对于那些中庸健壮的梨树，则实行拉枝填空，缩弱放强。促、控、放、缩有机结合，可调节树冠结构，平衡生长与结果的关系。

（二）夏季修剪

夏季修剪又叫生长季节修剪，苍溪县苍溪雪梨树的冬季修剪一般在 5 月中、下旬至 7 月上、中旬进行。

夏季修剪以修剪旺树为主，采取拉、曲、扭、吊、撑、锯和疏枝等方法进行修剪，控制树的生长，缓势促花，以利于结果。

总之，修剪时间的确定，应综合栽植地点、树龄树势、结果情况和劳动力等因素，主要依树的营养基础、器官基础及具体修剪目的而定。

※工具与材料准备

1. 工具准备：枝剪、手锯、修剪梯。

2. 调查用具：笔记本、笔、电脑或智能手机。

任务实施

苍溪雪梨修剪方法调查
苍溪雪梨冬季修剪实习

一、任务安排

班内分组，以小组为单位，到梨博园、猕韵农庄开展苍溪雪梨修剪方法调查；根据教学需要，组织学生到梨博园开展苍溪雪梨冬季修剪实习。

二、任务要求

（1）苍溪雪梨修剪方法调查：组织学生到梨博园、猕韵农庄的梨园，开展短截、回缩、疏枝、缓放、刻芽、抹芽、拉枝、扭梢、摘心等苍溪雪梨修剪技术调查。

（2）苍溪雪梨修剪实习：组织学生到梨博园开展冬季修剪实习。

（3）问题处理：每个学生根据自身的实习情况做好总结，并完成实习报告。

思考与练习

1. 梨树修剪的主要方法有哪些？

2. 短截分几种？各有什么作用？

3. 回缩在梨树修剪上有什么作用?

4. 疏枝在梨树修剪上有什么作用?

5. 缓放在梨树修剪上有什么作用?

6. 拉枝在梨树修剪上有什么作用?

7. 刻芽在梨树修剪上有什么作用?

8. 夏季修剪和冬季修剪如何应用?

考核评价

老师对学生的实习情况和调查报告完成情况进行评价。考核评价表如表6-2-1所示。

表6-2-1 考核评价表

考核项目	内容	分值/分	得分
实习与调查完成情况（以小组为单位考核）（50）	苍溪雪梨修剪方法调查	20	
	苍溪雪梨冬季修剪实习	30	
学习成效（25）	拓展作业	5	
	记录表册的规范性	5	
	实习小结	5	
	实习总结	5	
	小组总结	5	

表6-2-1（续）

考核项目	内容	分值/分	得分
思想素质（25）	安全规范生产（是否严格遵守操作规程）	5	
	纪律出勤	5	
	劳动态度（着装规范、爱护工具、不损坏果木及其他作物、认真清扫场地）	5	
	团结协作	5	
	创新思维（主动发现问题、解决问题）	5	
合计		100	
评价人员签字	1. 任课教师： 2. 实习指导教师： 3. 专业带头人： 4. 园区（企业或行业）技术员：		

备注：严禁采摘、损坏园区产品及财物。如有损毁，视情节和态度扣除个人成绩20~40分，同时扣除其同组成员的安全生产及团结协作成绩，情节严重将按照相关处理办法进行违纪处理。

任务三　不同类型梨树的修剪

任务目标

※知识目标

1. 掌握苍溪雪梨幼树、成年树、衰老树、大小年树、不正树形修剪的基本知识。

2. 掌握翠冠梨、黄金梨整形修剪的基本知识。

3. 掌握黄金梨大树高接换种技术的基本知识。

※能力目标

1. 能针对苍溪雪梨幼年树、成年树、衰老树、大小年树、不正树形实施相应的修剪。

2. 具备苍溪雪梨不同类型树修剪的基本能力。

3. 具备苍溪雪梨幼树、成年树、衰老树修剪的基本能力。

※素质目标

1. 培养学生热爱家乡的情怀，帮助学生树立振兴苍溪梨产业的志向。

2. 培养学生热爱"三农"的情怀，帮助学生树立服务"三农"的责任感。

3. 培养学生安全生产、吃苦耐劳、精益求精的工匠精神。

4. 培养学生树立"绿水青山就是金山银山"的理念。

任务准备

※知识要点

一、苍溪雪梨不同类型的修剪

修剪是整形工作的继续，是调节地上部分与地下部分生长与结果之间关系的一个重要手段。苍溪雪梨树的修剪应根据树龄、树势、有效空间、管理条件等进行合理修剪，只有这样，才能对雪梨树丰产、稳产起到重要的促进作用。

处于不同年龄发育阶段的苍溪雪梨，对修剪的反应不同，修剪的程序和方法也是不同的。

（一）幼龄树的修剪

苍溪雪梨树在幼龄阶段，生长旺盛，直立性强，主枝角度小，树冠内膛易郁闭，氮素营养水平高，花芽分化困难，营养生长与生殖生长易失去平衡。对于幼年树来说，生长原则是既要长树又要设法提早结果，长树和结果两不误。其修剪上的重点是适当开张主枝角度，改善光照条件，以制造更多的有机养分，缓势促花早果。主枝开张角度的大小，以 60～70 度为宜。小于 60 度，干枝顶端生长势旺盛，树冠仍然郁闭，影响光照，光合产物少，花芽分化困难；主枝开张角度超过 70 度，干、枝顶端生长会受到过度抑制，不利于树冠的形成，主枝背上还易冒条而形成树上树的不良现象；同时也会影响光照。所以，幼树主枝的开张角度应随树龄的增长和产量逐渐加大。

苍溪雪梨幼年树枝条易直立，为了开张主枝角度，通常在冬季采用里芽外蹬和背后枝换头的方法进行修剪；夏季则采用撑、拉、吊、扭等措施为其开张角度。自此逐渐进入结果期，以果压枝，也能起到开张角度的作用。

对于主干和主枝上着生的临时性枝，其中，强枝可通过缓放或在基部环剥，来促进其尽早形成辅养枝而尽早结果；弱枝则采用短截的方式，培养成辅养枝和结果枝，使其结果 1～2 年后就会被逐步淘汰。对于与主枝、主干竞争的枝条或造成荫蔽的枝条应及早疏除，以保持树体各部分合理生长，从而形成合理的树冠结构。对主、侧枝和其他部位着生的一年生枝（包括主、侧枝延长枝）和壮枝实行缓放，弱枝短截。关于交叉枝、重叠枝，则视其生长情况和着生位置，有利用价值的酌情保留，仍采取壮枝缓放，弱枝短截，有碍主、侧枝生长和影响结果的枝条及时进行疏除的原则。

主枝上着生的徒长枝，其不妨碍主枝生长的，可适当进行短截，剪口留弱芽、弱枝；如其生长仍旺，则疏强留弱，将中果枝和短果枝逐步培养成结果枝组，无利用价值的应进行疏除。

主枝、主干上的辅养枝，是结果枝的过渡枝，其中生长弱的从壮芽处进行短截，中庸枝则从下向上的 5～7 芽处进行短截，生长旺的辅养枝则实行缓放，无利用价值的枝则应疏除。

一年生的营养枝，旺枝进行缓放处理；中庸枝则从基部向上数，在 6~9 芽处短截，弱枝在 3 芽处短截，极弱枝则疏除，修剪量约占总枝量的 30%。

主干和主侧枝上的叶丛枝、中间枝、落花枝，是短果枝的预备枝，应注意保留。

搞好苍溪雪梨幼龄树的修剪，是培养丰产树形的基础。各级枝序的处理，应根据具体情况来进行慎重考虑。若树龄进入大量结果阶段，再进行控制或弥补则比较困难，所以幼树的整形和修剪十分重要。

（二）成年树的修剪

苍溪雪梨一生的生长规律是由旺盛到平衡，再到衰弱。在结果初期，树势较旺盛，营养生长速度常超过生殖生长速度，随着树龄的不断增长和结果量的增加，树势逐渐趋于缓和。进入结果盛期后，生长开始减弱直到衰老。因此，在苍溪雪梨的结果期，要通过长放缓势、回缩和短截促势，轻重结合促进枝势的原则进行修剪，以调节树体营养生长与生殖生长的关系，平衡树势，使树体各部分器官在较长时期保持健壮生长，正常结果。再结合其各级枝序对修剪反应敏感的特点进行合理修剪，即可相对延长结果盛期，而获得更多的果实和更大的经济效益。

1. 骨干枝的修剪

苍溪雪梨的树冠定形后，要保证其骨干枝的延长头生长具有领头的作用。在修剪时一定不能随意疏除其骨干枝。当骨干枝出现衰老现象时，则采用回缩，剪口下留上枝、强枝或壮芽来抬高角度，提升延长头的长势，从而进行复壮。对于骨干枝上的辅养枝，在原则上是采用强枝轻剪或缓放、弱枝重剪的方法进行处理。剪口处留一、二壮芽，剪口下的第二芽其方向应与主枝的延伸方向一致：若主枝角度较小，可用里芽外蹬或背后枝换头的办法加大角度；若主枝角度较小，则可用撑、拉等方法加大其角度。

关于主侧枝上的交叉枝、穿膛枝，可疏除其中方向不适、影响树形的枝，也可一伸一缩。对于重叠枝，可以采用上层枝进行剪口芽抬高角度，下层枝疏去其背上部分芽，一抬一压拉大上下层之间距离的方法，改善通风、透光情况。

2. 结果枝的修剪

苍溪雪梨以短果枝结果为主，中果枝次之，长果枝结果极少。在修剪时应着重保护短果枝和中果枝，原则上短果枝、中果枝不能疏除，除非要进行回缩。对于较长的串花枝，可以留5~6芽进行短截，花芽特多的大年树可对瘦弱的短果枝进行破花修剪，花量少的小年树要注意保花修剪，逐步缩小结果大年的差异。苍溪雪梨短果枝连年结果能力强，且其果大而果实品质优良，因而短果枝是修剪培养的重点。

3. 一年生枝的处理

苍溪雪梨一年生枝的处理是控制树势强弱、扩大树冠和结果量多少的关键。

苍溪雪梨一年生的瘦弱枝多剪留枝条的1/3，特别瘦弱的枝条可以留2~3芽进行短截，注意剪口要留壮芽。这样，第二年剪口枝即可抽发形成壮枝，余下的芽即形成叶丛枝或一丛一短（一根叶丛枝和一根短果枝）。

苍溪雪梨一年生中庸枝剪留2/5，或者留5~6芽短截，剪口留壮芽。修剪后剪口抽发壮枝，余下的芽中约有一半会形成短果枝，而另一半形成叶丛枝或中间营养枝。

苍溪雪梨一年生壮枝全部缓放，第二年即有70%左右的枝形成短果枝和腋花芽枝，有30%左右的枝形成叶丛枝。如果对苍溪雪梨树的壮枝进行短截，则极易冒枝，从而影响开花结果。所以，成年结果树的一年生枝，应以缓放处理较妥。

4. 徒长枝的修剪

苍溪雪梨各级骨干枝随着整形的进行，产量逐年增加，主枝的开张角度也随之加大，弧背上往往容易着生直立的徒长枝。若其着生部位妨碍骨干枝生长，应及早淘汰；若枝干上有空间可以利用，应在第一年轻剪该徒长枝促进其分枝，第二年从分枝处回缩，在5月下旬到6月上旬，对新梢进行摘心，对徒长枝的基部进行环剥，经3~4年处理即可培养成较好的结果枝组。

5. 果台枝及短果枝群的修剪

苍溪雪梨的果苔可发生1~3个梢（果苔副梢），一般以2个居多，如营养适当，当年的副梢可以形成果枝。修剪时可以疏一留一，或短截一个留一个，使其既能结果，又能作为预备枝。如营养不足或失调，发生叶丛枝或生长枝两根以上的，可去一留一，叶丛枝宜留强去弱，生长枝则去强留弱，如营养不良，果苔不发副梢，可以"破苔"修剪（剪除果苔一部分），促使下部发生更新枝。在树势中庸健壮的情况下，可根据全树的负担量，确定短果枝的保留数量，删去多余结果枝。树势转弱，短果枝群结果能力下降时，更要注意疏除弱枝弱芽，短截中长枝，以更新复壮。

（三）大小年树的修剪

苍溪雪梨易成花且单果重，如果修剪不当，又加上肥水管理不适，就极易形成大小年。大年时，对串花枝留5~6芽进行短截，对生长正常的短果枝则不做处理，对较弱的短果枝进行破花修剪，对生长中庸的枝进行轻剪，并加大肥水供给。小年时，则见花就留，对于营养枝，则注意控制长势，防止其生长过旺影响坐果。

（四）衰老树的修剪

苍溪雪梨植株生长到一定阶段，即进入衰老阶段。衰老阶段的主要特征表现为主枝角度过大，新梢生长量小，主干、主枝光秃，树冠内膛空虚，花芽量大但落花、落果严重，营养枝极少，产量较低，果实偏小，大小年结果现象明显。

苍溪雪梨衰老树的修剪任务主要是更新复壮，恢复树势。

对于衰老的苍溪雪梨树，在修剪时重剪光秃的骨干枝，剪口留壮枝、壮芽，尽量抬高枝、芽角度，增强其生长势而抽发壮枝；对有空间的衰弱短果枝进行破花修剪。对一年生的弱枝留 2~3 芽进行短截，中庸枝则留 4~5 芽进行短截，壮枝不剪。大枝回缩后，内膛促生的新梢按需要保留，过多的新梢则需进行疏除，待树势恢复正常后，再按正常结果树进行修剪。主枝上促生的徒长枝应尽量加以利用，或利用其来换头，或弥补空间，更新并充实树冠。

衰老树除了要进行复壮重剪外，还必须增施有机肥、生物肥，促进其根系先复壮。同时，加强肥水管理，提升树体长势。

苍溪雪梨衰老树的树龄多在 60 年以上，老树果园的病虫危害往往非常严重，在加强肥水管理的同时，还要注意加强病虫害防治工作，为更新、复壮树势创造有利条件。

（五）不正树形的修剪

在整形修剪时若方法不当，苍溪雪梨树的树冠枝序分布紊乱，主从不分，有的主干延伸部分或弱或徒长，有的树冠偏向一方，这些都影响树体的正常生长和结果，对于这种不正树形，修剪要根据具体情况，结合多种方法进行校正。

校正树形主要是为了调节树的生长，控制枝条的竞争，理清枝条的从属关系，平衡树势，开张角度，改善光照条件等。修剪时应本着因树因地制宜，因势利导进行合理处理。

1. 紊乱树形的修剪

主干、主枝从属不清，树形紊乱，出现此种情况的原因一般是下强上弱，基部主枝生长过旺，主干延长部分受主枝包围，生长势弱，主从关系极不明显。改造方法：按枝生长强弱，选择有培养前途的枝更换现有的不适宜的部分，将有碍主干的枝，用撑、拉或换头的方法进行开张或抬高主枝角度；对于有碍主枝生长的枝，能利用的则用，不能利用的要及时锯掉，若中央领导干长势过弱，是选适宜的枝"落头"，激发抽壮枝培养；若选不出替换中央领导干的枝，则从主枝或分生枝基部"落头"，改造开心形或"三挺身"（无中心干，只用三个生长很强，近于直立生长的主枝挺生而成的树形）。侧枝不明的，应在枝上按50~60厘米一个侧枝左右排列，把不适的侧枝改造成结果枝组，层间距离原则上为100厘米，可上下浮动10~20厘米，主枝尽量控制在5~7根的范围内，树形校正后，主侧枝即参照正常树的方法修剪。

2. 生长偏向树形的修剪

树冠偏向一个方向，枝序生长不平衡，这种情况主要是在修剪时没有选好剪口下面的芽及部位，或因选留的主枝被人、畜机械损伤或病虫危害而形成树冠一边强一边弱或一边缺枝的现象，或因风灾和结果过重造成扭伤，使主枝伸展不平衡。此类树体，若基部三主枝偏向一方，可在三枝中选取两枝进行换头转向，将其拟作第一、二主枝培养，另一枝则控制成辅养枝。第三、第五主枝参照正常树进行处理；若基部两主枝对生，对其生长又无不良影响，此类树则不必改造成基部三主枝，可选留适当的枝和芽改造成十字形树形。

3. 内膛空虚树形修剪

树冠内膛空虚的苍溪雪梨树，一是主枝分生角度小，抑制了内膛枝的生长，二是整形初期对内膛枝重视不够，内膛枝被疏除。校正的方法是：对于主枝角度小的问题，可用背面枝换头的方法加大腰角。若主枝角度过小，则在5月用撑、拉主枝的方法开张角度，注意保留现有的内膛枝，冬季再进行重剪，促生壮枝，逐步弥补树冠空虚的不足。

4. 放任生长树的修剪

放任生长的苍溪雪梨树，枝条直立生长，树形如扫帚，内腔枝序多而纤细，光照不良，结果期延长。修剪时应首先确定其骨干枝，再疏除过多的纤细弱枝，将留下的小枝进行复壮修剪，及时锯掉干扰预留主枝的枝；尽力加强扶持留作主枝培养的枝；能改造成疏散分层或十字形的树冠，则尽量朝其方向培养。主枝角度小的树用背后枝换头，其生长季节采用撑、拉主枝的方法，加大角度，主干延长枝过高或过强的问题可用"换头"的方法选择适当的中庸枝代替，调节预留主枝的生长，提早结果。

5. 小老树的修剪

苍溪雪梨树形成小老树的原因有很多，其中最主要的原因是在定植后放松了对土、肥、水等的管理，树体营养不良，或是树体遭病虫危害而使树势衰弱，树冠矮小。小老树改造时首先找出"小老树"的原因，多方面配合，综合治理。修剪方法应回缩大枝，重剪弱枝，剪口留壮芽或壮枝，其他枝宜重则重，宜轻则轻，以便全面复壮，待树势恢复后，再因树造型，同时配合土壤改良，重施肥料，加强病虫防治等工作，以达到改善树体营养条件，增强树势，迅速扩大树冠，促进生长与结果的目的。

二、翠冠梨整形修剪

（一）幼年树整形修剪

翠冠梨在幼树期，极性生长强，枝条角度小，直立、树冠抱合，要拉枝开角，缓和树势，扩冠促花。把主枝开张角度至70度左右，并引至整形要求的方位上；把营养枝拉成80度以上角度，引向主枝空白处，从而实现快扩冠、多成花、早结果。

（二）投产园整形修剪

投产果园要以果压冠、缓势修剪，修剪主要手法是"疏"和"缓"。"疏"即疏去过低、过密、过弱的直立徒长枝。"缓"即对过旺树或枝条采取拉枝缓放，控制上长，结果之后再缩剪的方法。

三、黄金梨整形修剪

黄金梨干性强，有直立生长特性。但其干性与层性没有苍溪雪梨强，树形最好采用三主枝改良纺锤形，该树形集牢靠的中心骨架和弹性较强的结果部位于一体，也可采用一般纺锤形。单株主枝（大型结果枝群）数量为 12~15 个，主枝全部单轴延伸，保持 60~70°的角。中小型结果部位全部拉成水平。生长季随时疏除徒长枝、竞争枝，夏秋季及时调整背上枝角度。冬季修剪仍以疏枝、调角度为主。

黄金梨成花容易，连年结果后树势易衰弱，一般枝组结果 2 年后果实品质下降，应充分利用背上枝拉平后培养成结果枝，并在适当部位培养预备枝，这是进入盛果期树产量的主要来源。弱枝花芽和腋花芽长不出好果，应尽早疏除。

其他修剪方法可借鉴苍溪雪梨的修剪方法。

四、黄金梨大树高接换种技术

大树改接，首先要确定改成什么树形，然后根据树形要求，再选定骨干枝和换头枝。对换头枝锯去原头，选粗度适宜的接穗进行嫁接。

接穗应采用品种纯正且无病虫害的一年生枝条。冬季或春季剪取芽体饱满的枝条，贮于冷库或在背阴处挖沟培沙贮藏。3 月下旬进行多头嫁接。一般 10 年生以下树，每株接 5~20 头；10~20 年生树，每株接 30~40 头。在锯口处，采用皮下接；光秃部分用皮下腹接；细砧木用切腹接。接头芽数根据嫁接部位和砧木的粗度而定。皮下接、腹接，接 1 个芽；锯口处皮下接可接 2~3 个芽。接好后，用 10~20 厘米宽的地膜，将接芽全部包扎紧，要保证密封好，防止雨水浸入伤口。注意接芽部位一定要包单层地膜，否则接芽不能自行破膜出芽。个别芽不能破膜顶出的，可用大头针在芽上挑一下。嫁接后，要及时抹去砧木萌芽。新梢长到 30 厘米左右时，绑防风杆；6 月中旬，解除嫁接时的缚扎膜；7 月新梢长到 80 厘米左右时，引缚角度为 45°~60°，当年可形成腋花芽，翌年结果。

※工具与材料准备

1. 工具准备：枝剪、手锯、修剪梯。
2. 调查用具：笔记本、笔、电脑或智能手机。

任务实施

苍溪雪梨、翠冠梨、黄金梨整形修剪调查
黄金梨开展高接换种调查

※任务安排

班内分组，以小组为单位，到梨博园开展苍溪雪梨、翠冠梨、黄金梨整形修剪调查；到梨博园开展黄金梨开展高接换种调查。

※任务要求

（1）苍溪雪梨、翠冠梨、黄金梨整形修剪调查：组织学生到梨博园开展苍溪雪梨、翠冠梨、黄金梨整形修剪调查，重点学习不同类型梨树整形修剪的特殊方法。

（2）黄金梨开展高接换种调查：组织学生到梨博园开展黄金梨开展高接换种技术调查。

（3）问题处理：每个学生根据自身的实习情况做好总结，并完成实习报告。

思考与练习

1. 简述苍溪雪梨幼树、成年树、衰老树、大小年树、不正树形修剪的方法。

2. 简述翠冠梨与苍溪雪梨整形修剪的异同。

3. 简述黄金梨与苍溪雪梨整形修剪的异同。

4. 简述黄金梨大树高接换种的技术要点。

考核评价

老师对学生的实习情况和调查报告完成情况进行评价。考核评价表如表6-3-1所示。

表6-3-1　考核评价表

考核项目	内容	分值/分	得分
调查完成情况（以小组为单位考核）（50）	苍溪雪梨不同类型整形修剪调查	20	
	翠冠梨整形修剪调查	10	
	黄金梨整形修剪调查	10	
	黄金梨高接换种技术调查	10	
学习成效（25）	拓展作业	5	
	记录表册的规范性	5	
	实习小结	5	
	实习总结	5	
	小组总结	5	
思想素质（25）	安全规范生产（是否严格遵守操作规程）	5	
	纪律出勤	5	
	劳动态度（着装规范、爱护工具、不损坏果木及其他作物、认真清扫场地）	5	
	团结协作	5	
	创新思维（主动发现问题、解决问题）	5	
合计		100	

表6-3-1(续)

考核项目	内容	分值/分	得分
评价人员 签字	1. 任课教师： 2. 实习指导教师： 3. 专业带头人： 4. 园区（企业或行业）技术员：		

备注：严禁采摘、损坏园区产品及财物。如有损毁，视情节和态度扣除个人成绩20~40分，同时扣除其同组成员的安全生产及团结协作成绩，情节严重将按照相关处理办法进行违纪处理。

情景小结

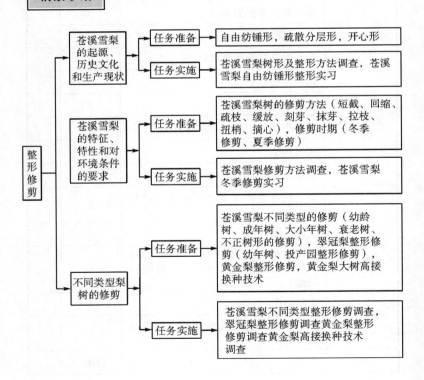

一、填空题

1. 目前苍溪雪梨主要采用的树形有_____、_____、_____等。

2. 自由纺锤形树高_____厘米，主干高_____厘米，中心干上螺旋着生_____个主枝，主枝间隔_____厘米，主枝基角_____，均匀伸向各方向，同方向主枝间距_____厘米。

3. 短截分为_____、_____、_____，短截越重对剪口下芽的刺激越重。

4. 开心形树形共分_____大主枝，主枝分布均匀，互相对称，无中心干。

5. 回缩可分为_____、_____、_____。

6. 应用缓放时，_____、_____、_____不宜缓放。

7. 梨树整形时，如果某一方向缺少新枝，可利用_____来补充枝条，完善树体结构。

8. _____是将一年生未木质化新枝从基部进行扭转，破坏其疏导组织，使枝梢上制造的养分不能外运而只能供给本枝，从而有利于成花。

9. 苍溪雪梨中庸枝、旺枝一般在_____摘心。

10. 刻芽是春季萌芽前，在枝干上芽的_____方刻一刀，深度达木质部，以促进其萌发抽枝。

11. _____、_____、_____等技术措施，其效果与拉枝的效果几乎一样。

12. 整形修剪主要分为_____和_____两个时期。

13. 黄金梨干性强，有直立生长特性树形最好采用_____。

14. 黄金梨大树高接换种可采用_____、_____和_____等嫁接方法。

二、判断题

1. 果树栽培上树形多以矮、密、早、丰取代高、稀、晚、低。
（　　）

2. 自由纺锤形主枝上不配侧枝，全部配置发育枝（结果枝组），早实性好。
（　　）

3. 轻短截梨树的营养枝进行轻短截后，一般其剪口下会萌发2~3根中庸枝，其下芽萌发后会形成较多的短枝。
（　　）

4. 拉枝改变了枝条的顶端优势，缓和了树势，促进了后部枝芽的萌发生长。
（　　）

5. 摘心的作用是结束枝梢旺长的长势，促进枝条充实。
（　　）

6. 拉枝是苍溪雪梨幼年枝整形的一项重要的技术措施。
（　　）

7. 修剪要以冬季为主，夏季为辅，幼树以整形为主，结果树则以修剪为主。
（　　）

8. 幼年树修剪，既要促进长树又要设法提早结果。
（　　）

9. 幼年树修剪上的重点是适当开张主枝角度，改善光照条件，以制造更多的有机养分，缓势促花早果。
（　　）

10. 当骨干枝出现衰老现象时，采用回缩，抬高角度，提升延长头的长势，从而进行复壮。
（　　）

11. 徒长枝对梨树生长结果无用，应全部去除。
（　　）

12. 苍溪雪梨的果苔副梢可以疏一留一，或短截一个留一个，使其既能结果，又能作为预备枝。
（　　）

13. 苍溪雪梨衰老树的修剪任务主要是更新复壮，恢复树势。
（　　）

三、简答题

1. 整形修剪的主要目的有哪些？
2. 理想树形的特点有哪些？
3. 自由纺锤形树形的主要优点有哪些？
4. 简述自由纺锤形树形的整形方法。
5. 疏散分层形的特点有哪些？
6. 回缩的作用有哪些？

情景七　病虫害防治

　　本情景主要学习黑星病、黑斑病、梨锈病等苍溪梨主要病害的病原、危害症状、发病规律、综合防治，学习梨大食心虫、梨小食心虫、梨网蝽、梨木虱、梨虎、吉丁虫等苍溪梨主要虫害的危害症状、形态特征、发生规律、综合防治。本情景的理论讲解与实训练习训练，帮助学生培养热爱农业、热爱家乡的情怀和服务"三农"、振兴家乡的责任感及振兴苍溪梨产业的志向；帮助学生树立降碳环保、绿色发展、协调发展的意识和吃苦耐劳、精益求精的工匠精神。培养学生预防为主，综合防治的病虫防治理念，树立食品安全责任感。

任务一　梨树主要病害

任务目标

　　※知识目标
　　掌握梨树主要病害的基本知识，重点掌握梨锈病、黑星病、黑斑病的病原、危害症状、发病规律和综合防治等基本知识。

※能力目标

1. 能识别梨树的病害。

2. 能采用综合措施防治梨树主要病害。

※素质目标

1. 培养学生热爱家乡的情怀，帮助学生树立振兴苍溪梨产业的志向。

2. 培养学生热爱"三农"的情怀，帮助学生树立服务"三农"的责任感。

3. 培养学生安全生产、吃苦耐劳、精益求精的工匠精神。

4. 培养学生树立"绿水青山就是金山银山"的理念。

任务准备

※知识要点

苍溪雪梨的主要病害有梨黑星病、黑斑病、梨锈病等，这些病害危害苍溪雪梨的叶片、新梢和果实，苍溪雪梨在雨水较多、空气较潮湿的条件下易发病。这些病菌多在残枝落叶、翘皮裂缝及杂草中越冬（锈病病菌多在桧柏上越冬）。

一、黑星病

（一）病原

黑星病害由半知菌丛梗孢目的梨黑星孢引起。分生孢子梗丛生或单枝，暗褐色，直立或弯曲，有的顶端有分叉，每梗的顶端及上段旁侧有数个钝形齿形突起（孢子痕）。分生孢子为淡褐色，单胞或双胞，呈纺锤形、椭圆形或卵圆形。

病菌的有性阶段为子囊菌纲、座囊菌目的梨黑星菌，子囊壳球形，直径为100~150毫米，壳壁黑暗褐色，顶端有乳头状孔口。孔口四周有数支暗色针状喙毛（刚毛）或无喙毛。子囊呈棒状或圆筒形，长40~70毫米，内含8个子囊孢子，孢子长卵形或长椭圆形，具一隔膜，上胞较大，下胞较小，分隔外微显缢缩，黄绿色。

黑星菌主要以无性繁殖，世代侵染危害。

（二）危害症状

黑星菌主要侵害苍溪雪梨的叶片、果实、嫩梢及芽鳞，严重时可造成苍溪雪梨的新梢枯死，果实畸形龟裂，叶、果早落，树势削弱（图7-1-1）。

新梢及叶柄染病后，其基部会形成黄褐色长椭圆形病斑，之后产生黑霉层，并逐渐向上扩展，病梢或叶柄上布满霉层，直至苍溪雪梨枯死。当夏季新梢上出现病斑时，患病处稍隆起如豆粒，其上布满霉层，而后霉层被雨淋洗，病斑渐凹陷龟裂，至次年病疤脱落，最终仅留一疤痕。

叶片发病时，叶背沿支脉或中脉呈现不规则形病斑，初为淡黄色，后变为暗色污斑，上面生有黑霉，边缘呈星芒状辐射。病害严重时，病斑可扩及叶片正面，随病势发展，病叶渐变红褐色直至脱落。

果实染病后，最初的表现是果实上产生淡黄色圆形病斑，并逐渐扩大出现黑绿色霉层，患病处果肉变硬，随果实增大而逐渐凹陷龟裂。病重时幼果呈畸形且容易早期脱落。

梨黑星病幼叶、幼果症状　　梨黑星病老叶症状　　梨黑星病果实症状

图7-1-1　梨黑星病症状

（三）发病规律

病菌越冬的方式主要有三种：一是在落叶上形成有性器官，次年产生子囊孢子进行侵染；二是在枝梢旧病疤上越冬，次年

产生分生孢子进行侵染；三是以分生孢子在芽鳞及落叶上越冬。在芽上越冬的病菌为最主要的侵染来源。

一般来说，如果春季多雨，天气阴湿，气温偏低则苍溪雪梨发病早且重；在干旱年份发病迟且轻。

在苍溪县，苍溪雪梨在4~5月新梢期即发病。病梢出现后，叶片及果实相继发病，但开始发展缓慢，到七八月雨季期间，病果率急剧上升，造成大量落果。

分生孢子萌发的适温为22℃~23℃，最高温度为28℃。菌丝发育的最适温度为20℃，最高温度25℃~30℃。孢子萌发和侵染需要5~48小时的连续高湿。在枯枝落叶上的分生孢子越冬后，其存活率递减的速度很快。

梨黑星病侵染循环如图7-1-2所示。

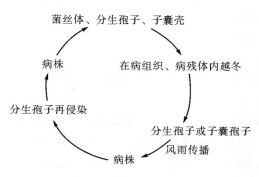

图7-1-2 梨黑星病侵染循环

（四）综合防治

（1）结合果树修剪，清除病枝梢及其他病残体，以减少侵染源。

（2）科学修剪，及时将交叉枝、重叠枝、病虫枯枝等清除，改善树冠通风及透光条件。

（3）改善栽培管理，适当增施有机肥、磷肥、钾肥，增强抗性，提高抗病力。

（4）化学防治。

①冬季在梨园地面上可喷雾 5 度石硫合剂或石灰乳及 2% 的二硝基苯酚钠，以防止落叶上梨黑星病子囊孢子的形成，并且还能清除形成的分生孢子。

②冬季修剪后及时清园，并喷射一次 5 度石硫合剂，以消灭菌源。

③在新梢抽出后、花谢后及梨果如核桃大小时，各喷一次药剂，可使用 1∶1∶160 波尔多液或 500 倍代森锌液。

④病害发生较严重的梨园可喷洒 1∶1 500 的甲基托布津、1∶800 的退菌特及 1∶600～1∶400 的百菌清；或用 25% 多菌灵 1∶500～1∶250 倍液，亦可将 1∶800 退菌特与 1∶1 000 甲基托布津混合施用。

二、黑斑病

（一）病原

黑斑病病原为链格孢，属半知菌亚门真菌。

（二）危害症状

黑斑病主要危害果实、叶和新梢。叶部染病时，幼叶先发病，出现褐色或黑褐色圆形斑点，后斑点逐渐扩大，形成近圆形或不规则形病斑，中心灰白至灰褐色，边缘黑褐色，有时有轮纹。病叶随即焦枯、畸形，早期脱落。天气潮湿时，病斑表面产生黑色霉层，即病菌的分生孢子梗和分生孢子。果实受害，果面会出现一至数个黑色斑点，斑点逐渐扩大，颜色变浅，变成浅褐至灰褐色圆形病斑，略凹陷。发病后期病果畸形、龟裂，裂缝可深达果心，果面和裂缝内产生黑霉，并常常引起落果。果实在近成熟期染病，前期表现与幼果相似，但病斑多呈黑褐色，后期，其果肉软腐而脱落。新梢发病，病斑呈圆形或椭圆形或纺锤形，颜色为淡褐色或黑褐色，略凹陷，易折断。

梨黑斑病症状见图7-1-3。

梨黑斑病病叶　　　梨黑斑病病果　　　梨黑斑病病果

图7-1-3　梨黑斑病症状

（三）发病规律

梨黑斑病病菌以分生孢子和菌丝体在被害枝梢、病叶、病果和落于地面的病残体上越冬。第二年春季，病菌产生分生孢子后借风雨传播，从气孔、皮孔和直接侵入寄主组织引起初侵染。一般4月下旬苍溪雪梨开始发病，嫩叶极易受害。6~7月如遇多雨，更易流行。地势低洼、偏施化肥或肥料不足，修剪不合理，树势衰弱以及梨网蝽、蚜虫猖獗危害等不利因素均可加重该病的流行危害。

（四）综合防治

1. 预防方案

用速净按500倍液稀释喷施，7天用药1次，连续喷药2次。梨树轻微发病时，用速净按300~500倍液稀释喷施，5~7天用药1次；梨树病情严重时，用速净按300倍液稀释喷施，3天用药1次，喷药次数视病情而定。

2. 清除越冬菌原

在梨树落叶后至萌芽前，清除果园内的落叶、落果，剪除有病枝条并集中进行烧毁深埋。

3. 加强果园管理

合理施肥，增强树势，提高抗病能力。雨季时低洼果园应及时排水。重病树要进行重剪，以增进通风、透光。

4. 药剂防治

在梨树萌芽前，果农可以喷施波美 5 度石硫合剂混合药液，铲除树上越冬病菌。在生长期，果农可以喷药预防保护叶和果实，一般从 5 月上中旬开始第一次喷药，15~20 天 1 次，连喷4~6次。常用药剂有：50%的异菌脲（扑海因）可湿性粉剂、10%的环丝晏酸（宝丽安）1 000~1 500 倍液（对黑斑病效果最好）、75%的百菌清、90%的三乙膦酸铝、65%的代森锌、80%的大生 M-45、80%的普诺等。

三、梨锈病

梨锈病又叫赤星病、羊胡子，是梨树的主要病害之一。

（一）病原

梨锈病病原属担子菌梨胶锈菌，病菌在整个生命周期中可产生四种类型孢子：性孢子器（性孢子、受精丝）、锈孢子、冬孢子、担孢子。

（二）危害症状

梨锈病主要为害梨树的叶片、新梢和幼果等。梨锈病叶片与果实症状如图 7-1-4 所示。

1. 叶片受害

梨锈病开始发病时在叶正面有黄色带光泽的小斑，后小斑逐渐发展为圆形病斑，中部为橙色，边缘为淡黄，外有一圈黄绿晕环与健部分开。病部直径为 4~5 毫米，大的为 7~8 毫米。病斑表面密生橙黄色小斑点，该斑点为病菌的性孢子器。天气潮湿时，性孢子器会溢出淡黄色黏液（内含大量性孢子）。黏液干燥后，小点微变黑，病组织渐变肥厚，背面隆起，正面凹陷，不久在隆起处长出褐色毛状物（锈菌的锈子器）。锈子器成熟后前端开裂，散出黄褐色粉末（锈孢子）。最后病斑变黑枯死，仅留锈子器的痕迹。病斑多会引起梨树早期落叶。

2. 幼果受害

幼果上的病斑早期与叶片相似，病部稍凹陷，中间密生性子器，四周产生锈子器，生长停滞，畸形早落。

叶片病状（早期）　　　叶片症状（晚期）　　　　　果实病状

图 7-1-4　梨锈病叶片与果实症状

3. 新梢、果柄、叶柄受害

病斑大体上与幼果相同，患病部会发生龟裂，易被风折断。

4. 转主寄主桧柏受害

染病初期，针叶、叶腋小枝上出现浅黄色斑点，然后稍隆起。翌年三四月，病症逐渐突破表皮，露出红褐色或咖啡色圆锥形或扁平形的冬孢子角（图 7-1-5）。冬孢子角吸水膨胀，呈橙黄色舌状胶质体。冬孢子角干燥时缩成表面有皱纹的污胶物。

图 7-1-5　梨锈病冬孢子角

（三）发病规律

病菌以菌丝体在桧柏等转主寄主的绿枝或鳞叶上的菌瘿中越冬。第二年春季病菌在桧柏上形成冬孢子并萌发产生小孢子，小孢子借风力传播到 3 000 米以外的梨树上并萌发入侵，在梨树上产生性孢子器、性孢子、锈子器和锈孢子。秋季锈孢子随风传回桧柏等树上越冬。由于侵染循环中缺少夏孢子，所以其无法重复侵染，每年仅侵染一次。梨锈病侵染循环如图 7-1-6 所示。

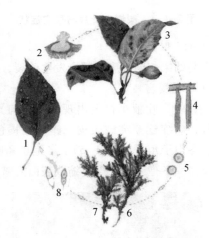

1. 病叶前期　2. 性孢子器　3. 病叶及病果后期
4. 锈子器　5. 锈孢子　6. 桧柏上的干燥冬孢子角
7. 吸水膨胀后的冬孢子角　8. 冬孢子萌发产生担子和担孢子

图 7-1-6　梨锈病侵染循环

（四）发病条件

1. 转主寄主

梨锈病的发生与桧柏等的多少、距离远近有直接关系。方圆 3 000~5 000 米范围内，如无转主寄主，锈病就很少发生或不发生。

2. 气候条件

3~4 月降雨次数和降雨量多时，易引起锈病的流行。此外，风力和风向影响锈菌孢子的传播；温度影响冬孢子的成熟期和成熟度，如冬孢子萌发的最适温度为 16℃~22℃，2~3 月气温的高低和春雨的多少，是影响当年梨锈病发生轻重的重要因素。

3. 梨树品种的抗病性

苍溪雪梨易染病，其授粉品种也都易染病，故梨锈病在苍溪发生很普遍。

（五）综合防治

1. 铲除转主寄主

彻底铲除梨园四周 5 000 米以内的桧柏等，是防治梨锈病最关键、最有效的措施。规划新果园时，果园方圆 2 500~5 000 米内不要栽植桧柏树。

2. 控制病菌的传播

如不能彻底清除梨园附近的桧柏等，应在 3 月上中旬用 3~5 波美度石硫合剂或 45% 晶体石硫合剂 100~150 倍液喷洒桧柏等树体，以防止树上梨锈菌冬孢子的萌发传播。

3. 适时喷药保护梨树

第一次用药应在梨树萌芽期，以后间隔 10 天用药 1 次，连喷 3~4 次。在重病区，于梨树展叶期和落花后各喷 1 次杀菌剂，防止孢子的侵染。药剂可选用以下任意一种：1∶2∶200 倍波尔多液，65% 的代森锌可湿性粉剂 1 500 倍液，10% 的苯醚甲环唑（世高）水分散粒剂 5 000~8 000 倍液，40% 的氟硅唑（福星）乳油 6 000~10 000 倍液，5% 的亚胺唑（霉能灵）可湿性粉剂 1 000~2 000 倍液，30% 的氟菌唑（特富灵）可湿性粉剂 2 000~3 000倍液，62.25% 的锰锌腈菌唑（仙生）可湿性粉剂 600 倍液，20% 的三唑酮乳油 2 000 倍液。需注意的是，花期喷药应在大多数花谢后进行，避免在盛花期用药。

4. 加强其他管理措施

采取叶面喷肥、清除落地病叶等措施、预防其他病害，以及疏果、套袋和加强土肥水管理等综合措施进行防治。

※工具与材料准备

调查用具与材料准备：手机、记录本、笔等。

任务实施

梨树病害调查

一、任务安排

班内分组，以小组为单位，到梨博园、猕韵农庄开展梨树主要病害调查。

二、任务要求

（1）梨树主要病害调查：组织学生到梨博园、猕韵农庄开展梨树主要病害调查，帮助学生认识梨树主要病害。

（2）问题处理：每个学生根据实习情况做好总结，并形成实习报告。

思考与练习

1. 苍溪雪梨主要病害有哪些？

2. 简述苍溪雪梨黑星病、黑斑病和梨锈病症状识别要点。

3. 简述苍溪雪梨黑星病、黑斑病和梨锈病病原物和发生规律。

4. 简述苍溪雪梨黑星病、黑斑病和梨锈病综合防治措施。

考核评价

老师对学生的实习情况和调查报告完成情况进行评价。考核评价表如表7-1-1所示。

表7-1-1　考核评价表

考核项目	内容	分值/分	得分
调查完成情况（以小组为单位考核）（50）	梨树主要病害调查	50	
学习成效（25）	拓展作业	5	
	记录表册的规范性	5	
	实习小结	5	
	实习总结	5	
	小组总结	5	
思想素质（25）	安全规范生产（是否严格遵守操作规程）	5	
	纪律出勤	5	
	劳动态度（着装规范、爱护工具、不损坏果木及其他作物、认真清扫场地）	5	
	团结协作	5	
	创新思维（主动发现问题、解决问题）	5	
合计		100	
评价人员签字	1. 任课教师： 2. 实习指导教师： 3. 专业带头人： 4. 园区（企业或行业）技术员：		

备注：严禁采摘、损坏园区产品及财物。如有损毁，视情节和态度扣除个人成绩20~40分，同时扣除其同组成员的安全生产及团结协作成绩，情节严重将按照相关处理办法进行违纪处理。

任务二　梨树主要虫害

※知识目标

掌握梨树主要虫害的危害症状、形态特征、发生规律、综合防治的基本知识，特别是梨大食心虫、梨小食心虫、梨网蝽、梨木虱、梨虎、吉丁虫等苍溪主要虫害。

※能力目标

1. 能正确识别梨树主要虫害。

2. 能开展梨树主要虫害的综合防治。

※素质目标

1. 培养学生热爱家乡的情怀，帮助学生树立振兴苍溪梨产业的志向。

2. 培养学生热爱"三农"的情怀，帮助学生树立服务"三农"的责任感。

3. 培养学生安全生产、吃苦耐劳、精益求精的工匠精神。

4. 培养学生树立"绿水青山就是金山银山"的理念。

任务准备

※知识要点

一、梨大食心虫

（一）危害症状

梨大食心虫幼虫蛀食梨的果实和花芽。其一般从芽基部蛀入，直达芽心，芽鳞包被不紧，蛀入孔里有黑褐色粉状粪便及丝；出蛰幼虫蛀食新芽，芽基间堆积有棕黄色末状物，有丝缀连。花芽被侵蚀后短期内不会死亡，甚至在花序分离期芽鳞片仍可保持不落，但开花后花朵会全部凋萎。果实被害，受害果孔有虫粪堆积，果柄基部有丝与果苔相缠，被害果变黑，枯干至冬不落。

（二）形态特征

梨大食心虫的幼虫体长为 17~20 毫米，头、前胸盾、臀板黑褐色，胸腹部的背面暗绿褐色，无臀栉。其卵长约 0.9 毫米，椭圆形，稍扁，初产时黄为白色，1~2 天后变红色。其成虫体长为 10~15 毫米，全体暗灰色，稍带紫色光泽。距翅基 2/5 处和距端 1/5 处，各有一条灰白色横带，嵌有紫褐色的边，两横带之间，靠前处有一灰色肾形条纹（图 7-2-1）。

成虫

蛹

幼虫

受害果实正面

受害果实剖面

图 7-2-1　梨大食心虫

（三）发生规律

梨大食心虫最喜为害苍溪雪梨，年生 2 代。梨大食心虫在 3

月上旬开始害花，4月上旬开始害芽，每个虫可为害5~7个花芽，4月底至5月初为害果实，果实受害后干枯吊于枝上不落，幼虫在翘皮裂缝或牙内越冬。

（四）综合防治

1. 人工防治

梨大食心虫虫害十分明显，易于发现，有利于人工防治。人工防治的方法有：

（1）结合冬剪，剪掉所有鳞片包被不紧的芽。

（2）开花前后，加强巡视，及时摘下萎蔫的花序，消灭其中的幼虫。

（3）在幼虫化蛹期及成虫羽化前（苍溪县一般在5月底到6月上旬），组织人工摘除被害果，加以集中处理，重点摘除"吊死鬼"。

（4）在越冬代成虫发生期，结合果园其他害虫的防治，利用黑光灯诱杀成虫。

2. 保护天敌

梨大食心虫的天敌主要有黄眶离缘姬蜂、瘤姬蜂、离缝姬蜂等。寄生蜂对梨大食心虫的抑制作用很大。因此，果农在进行防治时，应尽可能地保护这些天敌。

3. 药剂防治

在苍溪雪梨谢花后及时喷布溴氰菊酯2 000倍或爱福丁3 000倍液，也可用1 000倍功夫乳油或10 000倍阿克泰。

二、梨小食心虫

（一）危害症状

梨小食心虫是卷蛾科小食心虫属的一种昆虫（图7-2-2）。幼虫多从萼、梗洼处蛀入，早期被害果蛀孔外有虫粪排出。幼虫蛀入直达果心，高湿情况下蛀孔周围常变黑，腐烂处逐渐扩大，俗称"黑膏药"。其为害嫩叶时多从叶柄基部蛀入髓部，向下蛀至木质化处便转移，蛀孔流胶并有虫粪，被害嫩梢渐枯萎，俗称"折梢"。

（二）形态特征

1. 成虫

梨小食心虫的成虫体长 5~7 毫米，翅展 11~14 毫米，呈暗褐或灰黑色。下唇须灰褐上翘。触角丝状。前翅灰黑，前缘有10 组白色短斜纹，中央近外缘 1/3 处有一明显白点，翅面散生灰白色鳞片，后缘有一些条纹，近外缘约有 10 个小黑斑。后翅浅茶褐色，两翅合拢，外缘合成钝角。足灰褐色，各足跗节末为灰白色。腹部为灰褐色。

2. 幼虫

梨小食心虫的幼虫体长 10~13 毫米，淡红至桃红色，腹部呈橙黄色，头呈黄褐色，前胸呈浅黄褐色，臀板呈浅褐色。胸、腹部为淡红色或粉色。臀栉为 4~7 齿，齿呈深褐色。腹足趾钩单序环为 30~40 个，臀足趾钩为 20~30 个。前胸气门前片上有 3 根刚毛。

3. 卵

梨小食心虫的卵扁椭圆形，中央隆起，直径为 0.5~0.8 毫米，表面有皱褶，初期呈乳白色，后呈现淡黄，孵化前变黑褐色。

（三）发生规律

梨小食心虫每年发生 3 代，第 1 代和第 2 代主要为害桃、李、杏等，4 月成虫羽化，产卵于桃梢顶端的叶片背面，7 月中旬和下旬开始为害梨果，它们多从萼洼或梗洼处蛀入直向果心，虫孔周围变黑干腐，俗称"黑膏药"。它们中一小部分以蛹或幼虫在分枝及翘皮裂缝中越冬，而其中大部分在根茎附近 1 厘米深的土层中越冬。对梨小食心虫的前期防治重点在桃园。

被害果实

成虫

卵

被害果实剖面

蛹

被害枝梢

成虫

图 7-2-2　梨小食心虫

（四）综合防治

（1）刮除老翘皮。

（2）冬季在树干周围 2 尺（1 尺 = 33 厘米，下同）撒施毒土。

（3）剪除桃李被害梢。

（4）在每年 7 月下旬至 8 月上旬，梨小食心虫害发生的高峰期喷药（同梨大食心虫）。

三、梨网蝽

梨网蝽又名梨花网蝽、杜鹃花冠网蝽、军配虫（图 7-2-3）。

（一）危害症状

梨网蝽的成虫或若虫在叶背吸食汁液，在被害叶的正面形成苍白点。被害叶片的背面有褐色斑点状虫粪及分泌物，使得整个叶背呈锈黄色，虫害严重时被害叶早落。果实一旦受害则变得僵硬，不堪食用，严重影响苍溪雪梨的成果率。

梨网蝽成虫

梨网蝽为害状

图 7-2-3　梨网蝽

（二）形态特征

1. 成虫

梨网蝽的成虫体长 3.3~3.5 毫米，扁平，暗褐色。成虫头小、复眼暗黑，触角丝状，翅上布满网状纹，前胸背板隆起，向后延伸呈扁板状，盖住小盾片，两侧向外突出呈翼状。前翅合叠，其上黑斑构成"X"形黑褐斑纹。虫体胸腹面为黑褐色，有白粉。腹部金黄色，有黑色斑纹，足为黄褐色。

2. 若虫

若虫为暗褐色，翅芽明显，外形似成虫，头、胸、腹部均有刺突。

3. 卵

卵呈长椭圆形，长约 0.6 毫米，稍弯，初期呈淡绿色，后期变为淡黄色。

（三）发生规律

梨网蝽年生 5 代，成虫在落叶、杂草、翘皮裂缝及土缝中越冬，李树多时发生较重。梨网蝽 4 月开始上树产卵，5 月开始孵化为害果树，7~9 月虫害最为严重。

（四）综合防治

1. 清理枯枝落叶，消灭虫源

在冬季彻底清除梨园的杂草、枯枝、落叶，集中烧毁，可以有效降低虫口密度。

2. 绑草诱集越冬成虫

利用梨网蝽在杂草上越冬的习性，可以在其成虫越冬前的9月底在梨树干部捆绑茅草，引诱越冬成虫，然后集中焚烧茅草。

3. 化学防治

抓住越冬成虫出蛰后抗性差或第1代若虫虫龄整齐的特点进行化学防治，效果较好。苍溪县果农多在4月中旬至5月上旬用药。药剂可选用10%的啶虫脒乳油或10%的吡虫啉可湿性粉剂2 000倍液、50%的马拉硫磷乳油500倍液、2.5%的敌杀死或2.5%的功夫乳油3 000倍液、20%的灭扫利乳油3 000倍液及50%的辛敌乳油1 000~1 500倍液。

四、梨木虱

（一）危害症状

梨木虱体直接刺吸梨树叶果和幼嫩枝条内的汁液。梨树内的营养被消耗，树势衰弱，但被害症状不明显或不显示症状。梨木虱分泌物被霉菌附生在被害初生长发育并产生毒素，霉菌及其毒素的共同作用，首先破坏表皮组织，进而危害叶肉细胞组织，果树大量失水至干枯死亡。

（二）形态特征

成虫分冬型和夏型，冬型虫体长2.8~3.2毫米，梨木虱体色呈褐色或暗褐色，梨木虱卵具黑褐色斑纹。夏型成虫体形略小，黄绿梨木虱翅上无斑纹，复眼黑色，胸背有4条红黄色或黄色纵条纹。卵呈长圆形，一端尖细。若虫呈扁椭圆形，浅绿色，复眼为红色，翅芽为淡黄色，突出在身体两侧（图7-2-4）。

（三）发生规律

梨木虱虫一年多代，冬型成虫在落叶、杂草、土石缝隙及树皮缝内越冬。它们在早春2~3月出蛰，3月中下旬为其出蛰盛期。它们在梨树发芽前即开始产卵于枝的叶痕处，在发芽展

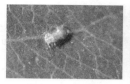

梨木虱若虫　　　　梨要虱夏型成虫（黄绿色）　　　梨木虱为害状

图 7-2-4　梨木虱

叶期将卵产于幼嫩组织茸毛内叶缘锯齿间、叶片主脉沟内等处。若虫多群集为害，在果园内及树冠间均为聚集型分布。若虫有分泌胶液的习性，在胶液中生活、取食及为害。直接为害盛期为 6~7 月，因梨木虱各代重叠交错，全年均可为害；到 7~8 月，雨季到来，由于梨木虱分泌的胶液招致杂菌，在空气的相对湿度大于 65% 时，虫害处易发生霉变。这将致使叶片产生褐斑并坏死，造成严重间接为害，引起早期落叶。

（四）综合防治

1. 消灭虫源

彻底清除梨树的枯枝及周围的落叶杂草，刮老树皮、严冬为梨树浇冻水，消灭越冬成虫。

2. 控制成虫基数

在 3 月中旬越冬成虫出蛰盛期喷洒菊酯类药剂 1 500~2 000 倍液，控制出蛰成虫的基数。

3. 化学防治

在梨落花约 95% 时，即第一代若虫较集中孵化期，也就是梨木虱防治的最关键时期。选用 10% 的吡虫啉 4 000~6 000 倍液，1.8% 的爱诺虫清（齐螨素）2 000~4 000 倍液，3.2% 的阿维菌素（4 号）5 000~8 000 倍等药剂。在虫害严重的梨园，可在上述药剂及浓度下，加入助杀或消解灵 1 000 倍液、有机硅等助剂，以提高杀虫药效。

五、梨虎

（一）危害病状

梨虎又称梨象鼻虫、梨象甲或梨狗子（图7-2-5），属鞘翅目，象虫科。山区、丘陵岗地地区较严重。梨虎除为害梨树外，还为害苹果、桃、李、枇杷等果树。

图7-2-5　梨象甲

（二）形态特征

梨虎成虫体长12~14毫米，身体呈紫红色，有金属光泽。体密生灰色短细毛，头部向前延伸成管状，似象鼻。前胸背板有不很显著的"小"字形凹陷纹。

幼虫长约12毫米，黄白色，体肥厚，略弯曲，无足，各体节背面多横皱，且具微细短毛。

卵长1~5毫米，椭圆形，乳白色。蛹长椭圆形，长7~8毫米，初乳白色，近羽化时呈淡黑色。

（三）发生规律

梨虎一年发生1代。新羽化的成虫在树干附近土中7~13厘米深处的蛹室中越冬，亦有少数以老熟幼虫越冬。

越冬幼虫翌年在土中羽化为成虫，第二年出土为害。4月上旬梨树开花时开始出土为害，梨果长到拇指大时梨虎数量最多。梨虎食花果，经1~2周，5月上旬交尾、产卵。产卵期前后达2个月。5月中旬和下旬为产卵盛期。梨虎产卵时先把果柄基部咬伤，然后在果皮面上咬一小孔产卵，并分泌黏液封闭孔口。梨果产卵处呈黑褐色斑点。梨虎在每果产卵1~2粒。一雌虫最高可产卵约150粒，卵1周左右孵化。幼虫于果内蛀食。由于果柄被咬伤，果实养分和水供应不足。果皮皱缩显畸形，不久被害果脱落，且以梨虎产卵后10~20天脱落数量最多。幼虫继续在落果中蛀食，成熟后脱果入土，作土室化蛹。

梨虎一般6月下旬始入土，7月下旬开始化蛹，9月陆续羽化，在蛹室内越冬。成虫有假死习性。

（四）综合防治

1. 人工捕杀

4月上旬梨谢花后，梨虎成虫开始出土，梨虎有一触即落的假死特征和早晨不活跃的习性，果农可以利用其成虫的假死习性，在树下进行人工捕杀，特别是在降雨之后最易捕捉梨虎的成虫。5~7月，果农应及时捡拾地上落果并打落被害果，消灭幼虫。

2. 毒土触杀

4月上旬和中旬到5月上旬和中旬，梨虎的成虫出土初期于树冠下地面撒施25%西维因可湿性粉剂或敌百虫。用0.75~1千克的药剂拌15~20千克细土制成毒土，触杀出土成虫。

3. 药剂防治

成虫发生盛期，每隔10~15天喷药1次，连续2次。有效药剂有：80%的敌敌畏800~1 000倍液、50%的磷胺乳剂2 000倍液、90%的敌百虫1 000倍液或杀螟松1 000倍液。

六、吉丁虫

吉丁虫（图7-2-6）是能够对梨园造成严重危害的一种害虫，它们能给果园带来大片死树的毁灭性损失，必须引起高度重视。

幼虫　　　　　　　　　成虫

图7-2-6　吉丁虫

（一）危害症状

吉丁虫的幼虫蛀食枝干木质部，防治上主要是运用毒土涂枝涂干，其次是用铁丝沿虫道寻杀幼虫。

（二）形态特征

1. 成虫

吉丁虫的成虫为13~17毫米，全体呈翠绿色，有金属光泽，体扁平。其触角为锯齿状，黑色。其鞘翅上有数条蓝黑色断续的纵纹，前胸背板有5条黑色纵纹，中间1条最为明显。

2. 卵

吉丁虫的成虫的卵长约2毫米，椭圆形，乳白色，后期是渐变为黄褐色。

3. 老龄幼虫

吉丁虫的成虫老龄幼虫体长为30~36毫米，扁平状，身体颜色由乳白色渐变为黄褐色。头部小，呈暗褐色。前胸膨大，背板中央有1个"八"形凹纹。腹部细长，尾端尖。

4. 蛹

吉丁虫的蛹长为13~22毫米，裸蛹初为乳白色，后变为紫绿色，有光泽。

（三）发生规律

吉丁虫不同龄期的幼虫在被害枝干皮层下或木质部的蛀道内越冬。翌年早春树液流动时，第一至第二年越冬幼虫继续蛀食危害，第三年越冬的老熟幼虫开始化蛹，蛹期为 15～30 天。成虫羽化期在 5 月上旬至 7 月上旬，盛期在 5 月下旬。成虫白天活动，取食梨树叶片。早晚和阴雨天温度低时，它们静伏叶片，遇振动时，有下坠假死习性。成虫产卵期有 10 余天，卵的孵化要求高温，因此成虫前期产卵少，5 月下旬以后产卵量增多。成虫多将卵产于枝干皮缝和伤口处，每雌虫可产卵 20～100 粒。卵的孵化期为 10～15 天，6 月上旬为幼虫孵化盛期。幼虫孵化后蛀入树皮，初龄幼虫仅在蛀入处皮层下为害，它们多在形成层钻蛀横向弯曲隧道，待围绕枝干一周后，整个侧枝或全树就会枯死。秋后老熟幼虫蛀入木质部越冬，1 年以上的幼虫多在皮层或形成层越冬。

（四）综合防治

1. 人工防治

可以采取以下人工防治措施：

（1）冬季刮除树皮，消灭越冬幼虫。

（2）及时清除死树、死枝，减少虫源。

（3）成虫期利用其假死性，于清晨振树捕杀。

2. 药剂防治

成虫羽化出洞前用药剂封闭树干。从 5 月上旬成虫即将出洞时开始，每隔 10～15 天用 90% 的晶体敌百虫 600 倍液或 40% 的氧化乐果乳油 800～1 000 倍液喷洒主干和树枝。成虫发生期，在树上喷洒 80% 的敌敌畏乳油或 90% 的晶体敌百虫 800～1 000 倍液，连喷 2～3 次。

※工具与材料准备

调查用具与材料准备：手机、记录本、笔等。

任务实施

梨树主要虫害调查

一、任务安排

班内分组，以小组为单位，到梨博园、猕韵农庄开展梨树主要虫害调查。

二、任务要求

（1）梨树主要虫害调查：组织学生到梨博园、猕韵农庄开展梨树主要虫害调查，帮助学生认识梨树主要虫害，掌握主要虫害综合防治方法。

（2）问题处理：每个学生根据实习情况做好总结，并形成实习报告。

思考与练习

1. 苍溪雪梨主要虫害有哪些？

2. 简述梨大食心虫、梨小食心虫、梨网蝽、梨木虱、梨虎、吉丁虫的识别要点。

3. 简述梨大食心虫、梨小食心虫、梨网蝽、梨木虱、梨虎、吉丁虫的发生规律。

4. 简述梨大食心虫、梨小食心虫、梨网蝽、梨木虱、梨虎、吉丁虫的综合防治。

考核评价

老师对学生的实习情况和调查报告完成情况进行评价。考核评价表如表7-2-1所示。

表 7-2-1　考核评价表

考核项目	内容	分值/分	得分
调查完成情况（以小组为单位考核）（50）	梨树主要虫害调查	50	
学习成效（25）	拓展作业	5	
	记录表册的规范性	5	
	实习小结	5	
	实习总结	5	
	小组总结	5	
思想素质（25）	安全规范生产（是否严格遵守操作规程）	5	
	纪律出勤	5	
	劳动态度（着装规范、爱护工具、不损坏果木及其他作物、认真清扫场地）	5	
	团结协作	5	
	创新思维能力（主动发现问题、解决问题的能力）	5	
合计		100	
评价人员签字	1. 任课教师： 2. 实习指导教师： 3. 专业带头人： 4. 园区（企业或行业）技术员：		

备注：严禁采摘、损坏园区产品及财物。如有损毁，视情节和态度扣除个人成绩 20~40 分，同时扣除其同组成员的安全生产及团结协作成绩，情节严重将按照相关处理办法进行违纪处理。

任务三 梨树病虫害综合防治

※知识目标

1. 了解梨树病虫害农业防治方法。

2. 了解梨树病虫害物理防治方法。

3. 了解梨树病虫害生物防治方法。

4. 了解梨树病虫害化学防治方法。

※能力目标

1. 能采用高效、绿色的方法综合防治梨树病虫害。

2. 能结合冬季修剪开展果园清园。

※素质目标

1. 培养学生热爱家乡的情怀，帮助学生树立振兴苍溪梨产业的志向。

2. 培养学生热爱"三农"的情怀，帮助学生树立服务"三农"的责任感。

3. 培养学生安全生产、吃苦耐劳、精益求精的工匠精神。

4. 培养学生降碳环保的生产习惯，树立"绿水青山就是金山银山"的理念。

5. 培养学生预防为主，综合防治的病虫防治理念，树立食品安全责任感。

任务准备

※知识要点

苍溪梨病虫害防治，要秉持预防为主、综合防治、主治一种、兼治其他的原则。农业防治、物理防治、生物防治、化学防治等多手段有机结合，有效地预防农药的环境污染和对人类食品安全造成的威胁，防止病虫害对农药产生抗性，以生产绿色保健梨产品。

一、农业防治

（1）加强植物检疫，杜绝引入检疫性病虫害苗。

（2）开展土肥水、修剪等科学管理措施，提高树体营养水平，合理负载。增强树势，提高树体对病虫害的抵抗能力。加强土壤科学改良，增加土壤有机质和微团粒结构，促进梨树健康生长。强化科学施肥，有机肥与化学肥料有机配合施用，改善梨树施肥效果。

（3）加强修剪和清园。夏季剪除过密枝、病虫枝，改善树体通透性；冬季修剪后及时清园，将枯枝、落叶清除干净并集中处理。

（4）生长期清理和加深排水沟渠，确保果园排水畅通，降低果园湿害。合理间作，清除果园杂草及园区四周病原寄主植物。

二、物理防治

物理防治主要是在果园安装频振灯、黑光灯，利用灯光诱杀害虫。在害虫集中发生期，采取在果园放置糖醋液诱杀等方法治虫。

三、生物防治

生物防治是指用生物或生物的产物防治病虫。其优点是不污染环境，对人、畜安全，其运用前景广阔，应当大力推广。生物防治包括以虫治虫、以菌治病虫（昆虫病原微生物及其产物防治病虫）、食虫动物治虫、生物绝育治虫、昆虫激素治虫和基因工程防治病虫等。

（一）以虫治虫

一是保护害虫天敌，营造有利于梨树的生长条件，达到控制虫害的目的。为螳螂、姬小蜂、金小蜂、小茧蜂、瓢虫、蜻蜓、蜘蛛、草蛉等害虫天敌建设繁衍地或场所，冬季不刮树干基部老树皮，或秋季在树干基部绑缚草秸，诱集天敌越冬。合理使用农药，选择对主要害虫杀伤力大，而对天敌毒性较小的农药种类，在天敌数量较少或天敌抗药力较强的虫态阶段（如蛹期）喷药。严格禁止使用对天敌杀伤力强的广谱性农药，如溴氰菊酯、敌百虫、敌敌畏果等，以保护天敌，维持昆虫的生态平衡，有益于病虫自然控制。

二是引进天敌，弥补当地天敌昆虫的不足。

三是人工在适宜环境条件下，大量繁殖天敌并适时释放于梨园。

（二）以性诱剂治虫

用性引诱剂诱杀害虫或破坏害虫的繁衍系统，达到控制害虫群体数量。

（三）以益鸟和禽类治虫

建设鸟巢引导和保护啄木鸟、山雀、画眉、黄鹂、大杜鹃等益鸟繁殖，利用其食虫。放养山鸡、鸡、鸭、鹅食虫。

（四）以菌治菌、以菌治虫

培养和利用可以防治梨树病虫害的真菌、细菌、放线菌、病毒和线虫等微生物，利用病原微生物及其代谢产物防治梨树病害是生物防治的重要内容。

在杀虫剂中，浏阳霉素乳油对梨树害螨有良好的触杀作用，对螨卵孵化亦有一定的抑制作用。阿维菌素乳油对梨园的害螨、桃小食心虫、蚜虫、介壳虫和寄生线虫等多种害虫有防治效果。用苏云金杆菌及其制剂防治桃小食心虫初孵幼虫，有较好的防治效果。在桃小食心虫发生期喷洒 Bt 乳剂或青虫菌 6 号 800 倍液，防治效果良好。

杀菌剂中，用多氧霉素（多抗霉素）防治斑点落叶病和褐斑病，效果显著。用农抗 120 防治果树腐烂病具有复发率低、愈合快、用药少和成本低等优点。

四、化学防治

（1）冬季修剪后至来年萌芽前对树体喷 5 波美度石硫合剂三次，减少越冬后的病虫基数。浅翻园地并用 1∶1∶200 波尔多液喷洒园地，减少病源基数。

（2）冬季用石灰浆（石灰∶动物油∶食盐∶水 = 3∶0.3∶0.3∶10）进行树干涂白。

（3）生长季节选用安全、高效、低毒、低残留的杀虫杀菌剂交替使用。

※工具准备

1. 准备好网络学习的笔记本或智能手机、笔。

2. 准备好农药、植物保护机械。

<u>任务实施</u>

梨树病虫害综合防治调查

梨园冬季清园实习

一、任务安排

班内分组，以小组为单位，到梨博园、猕韵农庄开展梨树病虫害综合防治调查，开展梨园冬季清园实习（与冬季修剪实习结合）。

二、任务要求

（1）梨树病虫害综合防治调查：组织学生到梨博园、猕韵农庄开展梨树病虫害综合防治调查，掌握农业防治、物理防治、生物防治和化学防治等防治方法。

（2）梨园清园实习：组织学生在梨博园、猕韵农庄参加梨园清园实习，帮助学生了解梨园清园的基本知识，掌握梨园清园基本技能。

（3）问题处理：每个学生根据实习情况做好总结，并形成实习报告。

思考与练习

1. 简述梨病虫害农业防治措施。
2. 简述梨病虫害生物防治措施。
3. 简述梨病虫害化学防治的注意事项。

考核评价

老师对学生的实习情况和调查报告完成情况进行评价。考核评价表如表7-3-1所示。

表7-3-1　考核评价表

考核项目	内容	分值/分	得分
调查与实习完成情况（以小组为单位考核）（50）	梨树病虫害综合防治调查	20	
	梨园清园实习	30	
学习成效（25）	拓展作业	5	
	记录表册的规范性	5	
	实习小结	5	
	实习总结	5	
	小组总结	5	

表7-3-1(续)

考核项目	内容	分值/分	得分
思想素质（25）	安全规范生产（是否严格遵守操作规程）	5	
	纪律出勤	5	
	劳动态度（着装规范、爱护工具、不损坏果木及其他作物、认真清扫场地）	5	
	团结协作	5	
	创新思维（主动发现问题、解决问题）	5	
合计		100	
评价人员签字	1. 任课教师： 2. 实习指导教师： 3. 专业带头人： 4. 园区（企业或行业）技术员：		

备注：严禁采摘、损坏园区产品及财物。如有损毁，视情节和态度扣除个人成绩20~40分，同时扣除其同组成员的安全生产及团结协作成绩，情节严重将按照相关处理办法进行违纪处理。

情景小结

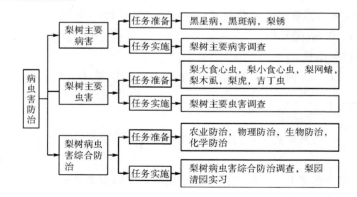

综合测试

一、填空题

1. 苍溪雪梨的主要病害有 _____、_____、_____等。

2. 黑星病害由半知菌丛梗孢目的_____引起。

3. 黑斑病主要危害_____、_____和_____。

4. 梨黑斑病病菌以_____和_____在被害枝梢、病叶、病果和落于地面的病残体上越冬。

5. 梨锈病又叫_____、_____，是梨树的主要病害之一。

6. 梨锈病病原属担子菌梨胶锈菌，病菌在整个生命周期中可产生四种类型孢子：_____、_____、_____和_____。

7. 梨锈病病菌以_____在_____等转主寄主的绿枝或鳞叶上的菌瘿中越冬。

8. 梨小食心虫是卷蛾科小食心虫属的一种昆虫，俗称"_____"

9. 梨网蝽又名_____、_____、_____，以成虫和若虫在叶背吸食汁液，在被害叶的正面形成苍白点。

10. 梨虎又称_____、_____、_____，属鞘翅目象虫科。

11. 梨树病虫害综合防治措施主要有_____、_____、_____、_____等。

二、判断题

1. 梨黑星菌主要侵害苍溪雪梨的叶片、果实、嫩梢及芽鳞。
（　　）

2. 在芽上越冬的病菌为黑星病最主要的侵染来源。（　　）

3. 梨黑星病叶片发病时，叶背沿支脉或中脉发生圆呈现不规则形病斑，初为淡黄色，后变为暗色污斑，上面生有黑霉，边缘呈星芒状辐射。　　　　　　　　　　　（　）

4. 梨黑星果实染病后，最初的表现是果实上产生淡黄色圆形病斑，并逐渐扩大出现黑绿色霉层，患病处果肉变硬，随果实增大而逐渐凹陷龟裂。　　　　　　　　　（　）

5. 梨锈病由于侵染循环中缺少夏孢子，无法重复侵染，每年仅侵染一次。　　　　　　　　　　　　　　（　）

6. 梨锈病的发生与桧柏等的多少、距离远近有直接关系。

（　）

7. 梨大食心虫成虫距翅基 2/5 处和距端 1/5 处，各有一条灰白色横带，嵌有紫褐色的边，两横带之间，靠前处有一灰色肾形条纹。　　　　　　　　　　　　　　（　）

8. 梨小食心虫的幼虫淡红至桃红色，腹部呈橙黄色，头呈黄褐色，前胸呈浅黄褐色，臀板呈浅褐色。　　　（　）

9. 梨木虱一年多代，冬型成虫在落叶、杂草、土石缝隙及树皮缝内越冬。　　　　　　　　　　　　（　）

10. 梨虎成虫有假死特征和早晨不活跃的习性，可进行人工捕杀。　　　　　　　　　　　　　　　（　）

三、简答题

1. 梨黑星菌病菌越冬的方式有哪些？

2. 梨黑斑病的综合防治有哪些？

3. 简述梨木虱综合防治。

4. 农业防治主要内容有哪些？

5. 生物防治主要内容有哪些？